U0119795

麵包麵團教科書

日本人氣麵包師傅的
100種麵團調配方式完整大公開

麵包麵團教科書

CONTENTS

58 充分了解如何應用與活用
麵包麵團變化圖鑑

67 基本麵團的製作技巧

東京製菓學校　麵包科教師
高江直樹

91 17位麵包師傅暢談
我和麵包店與麵包麵團

如何使用本書 麵團解説（第8～57頁）的部分如下。

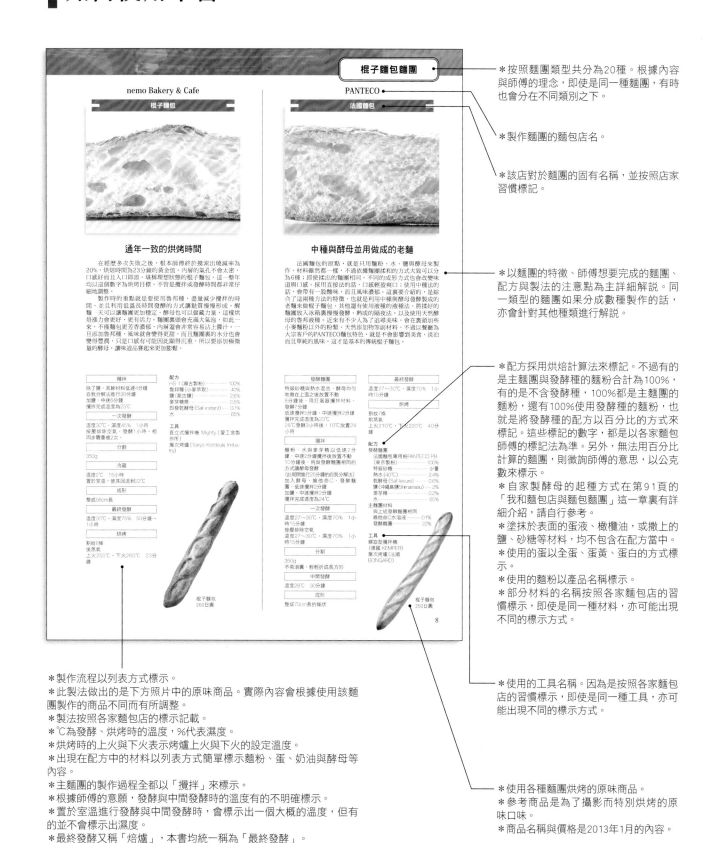

棍子麵包麵團

nemo Bakery & Cafe

棍子麵包

通年一致的烘烤時間

在經歷多次失敗之後，根本師傅終於摸索出燒減率為20%，烘焙時間為23分鐘的黃金值。內層的氣孔不會太密，口感好而且入口即溶，堪稱理想狀態的棍子麵包。這一整年均以這個數字為烘烤目標，不管是攪拌或發酵時間都非常仔細地調整。

製作時的重點就是要使用魯邦種，盡量減少攪拌的時間，並且利用低溫長時間發酵的方式讓麵質慢慢形成。解麵一天可以讓麵團更加穩定，酵母也可以儲藏力量，這樣烘焙漲力會更好，更有活力。麵團裏面會充滿大氣泡，如此一來，不僅麵包更散香濃郁，內層溫會非常容易出入口。一旦加入魯邦種，風味就會變得更甜，而且麵團裏的水分也會變得豐潤，只是口感有可能因此顯得沉重，所以要添加極微量的酵母，讓味道品嚐起來更加膨脹。

攪拌
除了鹽，其餘材料低速4分鐘 自我分解法進行30分鐘 加鹽，中速6分鐘 攪拌完成溫度為23℃

一次發酵
溫度30℃、濕度45%，1小時 按壓排除空氣，發酵1小時。相同步驟重複2次。

分割
350g

冷藏
溫度2℃，15小時 置於室溫，使其回到約22℃

成形
整成56cm長

最終發酵
溫度30℃濕度75%，50分鐘～1小時

烘烤
劃紋6條 後蒸氣 上火250℃、下火260℃ 23分鐘

配方
HS1（灑古粉）......100%
魯邦種（小麥取）......40%
鹽（菜古鹽）......2.6%
麥芽糖精......0.5%
即發乾酵母（Saf-instant）......0.1%
水......68%

工具
直立式攪拌機 Mighty（愛工舍製作所）
層次烤爐（Tokyo Kotobuki Indus-try）

棍子麵包
260日圓

PANTECO

法國麵包

中種與酵母並用做成的老麵

法國麵包的原點，就是只用麵粉、水、鹽與酵母來製作。材料雖然都一樣，不過依據揉麵的方式大致可以分為6種；即使揉出的麵團相同，不同的成形方式也會改變味道與口感。採用直接法的話，口感輕盈與口；使用中種法的話，會帶有一股酸味，而且風味濃郁。這裏要介紹的，是綜合了這兩種方法的特徵，也就是利用中種與酵母發酵製成的老麵來做棍子麵包。其他還有使用液種的液種法、將揉好的麵團放入冷藏裏讓慢慢發酵、熟成的隔夜法，以及使用天然酵母的魯邦液種法。近來有不少人為了追求美味，會在裏頭加些小麥麵粉以外的粉類、天然添加物等副材料，不過以餐廳為大宗客戶的PANTECO麵包特色，就是不會影響到美食、淡泊而且單純的風味。這才是基本的傳統棍子麵包。

發酵麵種
特級砂糖與熱水混合，酵母均勻地散在上面之後放置不動8分鐘後，用打蛋器攪拌材料。發酵7分鐘 低速攪拌5分鐘、中速攪拌2分鐘 攪拌完成溫度為23℃ 26℃發酵3小時後，10℃放置24小時

攪拌
麵粉、水與麥芽精以低速2分鐘、中速2分鐘攪拌後放置不動10分鐘後、用與發酵麵種相同的方式讓酵母發酵 (出現凹槽的7.2分鐘就是我分解) 加入酵母、維他命C，發酵麵團、低速攪拌2分鐘 加鹽，中速攪拌2分鐘 攪拌完成溫度為24℃

一次發酵
溫度27～30℃、濕度70%，1小時15分鐘 按壓排除空氣 溫度27～30℃、濕度70%，1小時15分鐘

分割
350g 不需滾圓，輕輕折成長方形

中間發酵
溫度28℃ 30分鐘

成形
整成70cm長的條狀

最終發酵
溫度27～30℃、濕度70%，1小時15分鐘

烘烤
劃紋7條 前蒸氣 上火210℃、下火220℃ 40分鐘

配方
發酵麵種
法國麵包專用粉PANTECO PB（東京製粉）......100%
特級砂糖......少量
熱水（40℃）......2.4%
乾酵母（Saf-levure）......1%
鹽（沖繩島Shimamasu）......2%
麥芽精......0.2%
水......65%
主麵團材料
與上述發酵麵團相同
維他命C水浴液......0.1%
發酵麵種......22%

工具
螺旋型攪拌機（德國KEMPER）
層次烤爐（法國BONGARD）

棍子麵包
250日圓

8

右側說明文字：

＊按照麵團類型共分為20種。根據內容與師傅的理念，即使是同一種麵團，有時也會分在不同類別之下。

＊製作麵團的麵包店名。

＊該店對於麵團的固有名稱，並按照店家習慣標記。

＊以麵團的特徵、師傅想要完成的麵團、配方與製法的注意點為主詳細解說。同一類型的麵團如果分成數種製作的話，亦會針對其他種類進行解說。

＊配方採用烘焙計算法來標記。不過有的是主麵團與發酵種的麵粉合計為100%，有的是不含發酵種，100%都是主麵團的麵粉，還有100%使用發酵種的麵粉，也就是將發酵種的配方以百分比的方式來標記。這些標記的數字，都是以各家麵包師傅的標記法為準。另外，無法用百分比計算的麵團，則徵詢師傅的意思，以公克數來標示。

＊自家製酵母的起種方式在第91頁的「我和麵包店與麵包麵團」這一章裏有詳細介紹，請自行參考。

＊塗抹於表面的蛋液、橄欖油，或撒上的鹽、砂糖等材料，均不包含在配方當中。

＊使用的蛋以全蛋、蛋黃、蛋白的方式標示。

＊使用的麵粉以產品名稱標示。

＊部分材料的名稱按照各家麵包店的習慣標示，即使是同一種材料，亦可能出現不同的標示方式。

＊使用的工具名稱。因為是按照各家麵包店的習慣標示，即使是同一種工具，亦可能出現不同的標示方式。

＊使用各種麵團烘烤的原味商品。

＊參考商品是為了攝影而特別烘烤的原味口味。

＊商品名稱與價格是2013年1月的內容。

下方說明文字：

＊製作流程以列表方式標示。

＊此製法做出的是下方照片中的原味商品。實際內容會根據使用該麵團製作的商品不同而有所調整。

＊製法按照各家麵包店的標示記載。

＊℃為發酵、烘烤時的溫度，%代表濕度。

＊烘烤時的上火與下火表示烤爐上火與下火的設定溫度。

＊出現在配方中的材料以列表方式簡單標示麵粉、蛋、奶油與酵母等內容。

＊主麵團的製作過程全都以「攪拌」來標示。

＊根據師傅的意願，發酵與中間發酵時的溫度有的不明確標示。

＊置於室溫進行發酵與中間發酵時，會標示出一個大概的溫度，但有的並不會標示出濕度。

＊最終發酵又稱「焙爐」，本書均統一稱為「最終發酵」。

＊配方與製法是參考2013年1月的內容，會因季節與氣溫變化而略做調整。

值得注目的麵包店製作的
100種麵包麵團

本書將17家麵包店實際製作、

引以自豪的100種麵團分為20種來為大家介紹。

除了詳細的配方、製法與工具，

還有獨門祕方與其他材料的組合方式等等，

師傅針對各種麵團的想法解說。

nemo Bakery & Cafe

棍子麵包

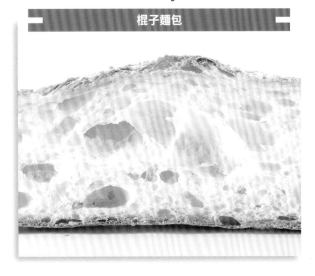

通年一致的烘烤時間

在經歷多次失敗之後，根本師傅終於摸索出燒減率為20%，烘焙時間為23分鐘的黃金值。內層的氣孔不會太密，口感好而且入口即溶，堪稱理想狀態的棍子麵包。這一整年均以這個數字為烘烤目標，不管是攪拌或發酵時間都非常仔細地調整。

製作時的重點就是要使用魯邦種，盡量減少攪拌的時間，並且利用低溫長時間發酵的方式讓麩質慢慢形成。醒麵一天可以讓麵團更加穩定，酵母也可以儲藏力量，這樣烘焙漲力會更好，更有活力。麵團裏頭會充滿大氣泡，如此一來，不僅麵包更芳香濃郁，內層還會非常容易沾上醬汁。一旦添加魯邦種，風味就會變得更甜，而且麵團裏的水分也會變得豐潤，只是口感有可能因此顯得沉重，所以要添加極微量的酵母，讓味道品嘗起來更加膨鬆。

攪拌
除了鹽，其餘材料低速4分鐘 自我分解法進行30分鐘 加鹽，中速6分鐘 攪拌完成溫度為23℃

一次發酵
溫度30℃·濕度45% 1小時 按壓排除空氣，發酵1小時。相同步驟重複2次。

分割
350g

冷藏
溫度2℃ 15小時 置於室溫，使其回溫到22℃

成形
整成56cm長

最終發酵
溫度30℃·濕度75% 50分鐘～1小時

烘烤
割紋6條 後蒸氣 上火250℃·下火260℃ 23分鐘

配方
HS-1（瀨古製粉）	100%
魯邦種（小麥萃取）	40%
鹽（蒙古鹽）	2.6%
麥芽糖漿	0.5%
即發乾酵母（Saf-instant）	0.1%
水	65%

工具
直立式攪拌機 Mighty（愛工舍製作所）
層次烤爐（Tokyo Kotobuki Industry）

棍子麵包
260日圓

PANTECO

法國麵包

中種與酵母並用做成的老麵

法國麵包的原點，就是只用麵粉、水、鹽與酵母來製作。材料雖然都一樣，不過依據麵團揉和的方式大致可以分為6種；即使揉出的麵團相同，不同的成形方式也會改變味道與口感。採用直接法的話，口感輕盈爽口；使用中種法的話，會帶有一股酸味，而且風味濃郁。這裏要介紹的，是綜合了這兩種方法的特徵，也就是利用中種與酵母發酵製成的老麵來做棍子麵包。其他還有使用液種的液種法、將揉好的麵團放入冰箱裏慢慢發酵、熟成的隔夜法，以及使用天然酵母的魯邦液種。近來有不少人為了追尋美味，會在裏頭加些小麥麵粉以外的粉類、天然添加物等副材料，不過以餐廳為大宗客戶的PANTECO麵包特色，就是不會影響到美食、淡泊而且單純的風味。這才是基本的傳統棍子麵包。

發酵麵團
特級砂糖與熱水混合，酵母均勻地撒在上面之後放置不動 8分鐘後，用打蛋器攪拌材料，發酵7分鐘 低速攪拌5分鐘，中速攪拌2分鐘 攪拌完成溫度為23℃ 28℃發酵3小時後，10℃放置24小時

攪拌
麵粉、水與麥芽精以低速2分鐘，中速2分鐘攪拌後放置不動10分鐘後，用與發酵麵團相同的方式讓酵母發酵 （此期間進行25分鐘的自我分解法） 加入酵母、維他命C、發酵麵團，低速攪拌2分鐘 加鹽，中速攪拌2分鐘 攪拌完成溫度為24℃

一次發酵
溫度27～30℃·濕度70% 1小時15分鐘 按壓排除空氣 溫度27～30℃·濕度70% 1小時15分鐘

分割
350g 不需滾圓，輕輕折成長方形

中間發酵
溫度28℃ 30分鐘

成形
整成70cm長的條狀

最終發酵
溫度27～30℃·濕度70% 1小時15分鐘

烘烤
割紋7條 前蒸氣 上火210℃·下火220℃ 40分鐘

配方
發酵麵團
法國麵包專用粉PANTECO PB（東京製粉）	100%
特級砂糖	少量
熱水（40℃）	2.4%
乾酵母（Saf-levure）	0.6%
鹽（沖繩島鹽Shimamasu）	2%
麥芽精	0.2%
水	65%

主麵團材料
與上述發酵麵團相同
維他命C水溶液	0.1%
發酵麵團	22%

工具
螺旋型攪拌機（德國 KEMPER）
層次烤爐（法國 BONGARD）

棍子麵包
250日圓

Boulangerie Prisette

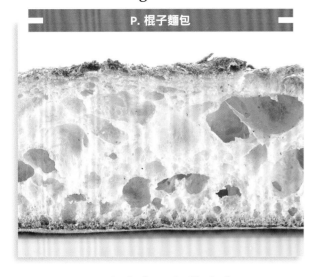

吸水率高，充滿嚼勁

　　這款棍子麵包想要達到的境界，就是外層酥脆，內層Q彈又充滿嚼勁。經過低溫長時間發酵的麵團彈性非常好，甜味也完全提引出來，加上提升至最高境界的吸水量，徹底呈現出最好的嚼勁。

　　麵粉方面挑選了3款麵粉，並且搭配裸麥麵粉。以石臼磨成的Sun Stone含有豐富的蛋白質，能夠提升吸水率。加入少量的裸麥可以讓口感更加酥脆，襯托出小麥特有的芳香氣息。

　　店裏還提供了添加玉米澱粉的「經典棍子麵包」，透過多次壓除麵團裏的空氣，讓烤出的麵包口感更加強勁。風味香醇的P.棍子麵包非常適合搭配培根與香腸等含有動物性油脂的食材。至於甜味系列的食材，則適合搭配香味直接單純的經典棍子麵包。

攪拌
麵粉、麥芽糖漿與水以低速攪拌2分鐘 自我分解法進行20分鐘 酵母、鹽與天然酵母以低速攪拌10分鐘 攪拌完成溫度為22℃

一次發酵
溫度29℃・濕度75%　90分鐘 按壓排除空氣 溫度5℃　12小時

分割
280g

中間發酵
溫度29℃・濕度75%　1小時 麵團回溫到18℃

成形
整成40cm長

最終發酵
溫度29℃・濕度75%　1小時

烘烤
割紋4條 後蒸氣 上火250℃・下火240℃　20～21分鐘

配方
百合花法國粉（日清製粉）⋯⋯ 45%
Sun Stone（大陽製粉）⋯⋯ 15%
Aution（日清製粉）⋯⋯ 30%
Heide（大陽製粉）⋯⋯ 10%
即發乾酵母（Saf-instant）⋯⋯ 0.1%
粗鹽 ⋯⋯ 2.3%
水 ⋯⋯ 75%
天然酵母 ⋯⋯ 5%
麥芽糖漿 ⋯⋯ 0.3%

工具
螺旋型攪拌機（Kotobuki Baking Machine）
層次烤爐（Kotobuki Baking Machine）

P. 棍子麵包
250日圓

Bon Vivant

將空氣壓除的力道會影響口感

　　這款棍子麵包將外層輕薄酥脆的口感與內層溫和的小麥甜味毫不保留地傳遞出來。這是法國M.O.F得主提瑞墨尼耶（Thierry Meunier）訪日之際親自傳授、讓人不禁為其割紋時代的甜味感到震撼的製法。經過低溫長時間發酵的麵團會在清晨烘烤，這麼做的最大好處，就是一大早即能以三明治的形式提供。

　　裏頭含有的水分較多，因此要透過自我分解來促進水和，並且將裏頭的空氣壓除好幾次，讓麵團能夠密實粘和。進行這個步驟的重點在於力道。在經過2次將麵團摺成3摺，用力壓除裏頭的空氣之後，接著要慢慢地減輕力道，繼續將裏頭的空氣壓除，藉以調整麵團的狀態。麵粉每天的情況也會不一樣，因此必須仔細觀察才行。使用的是百合花法國粉加上提瑞墨尼耶特製的獨家麵粉。分量均衡的灰分與蛋白質，以及法國產麵粉獨有的濃烈芳香與甜味，讓人忍不住為之傾迷。

攪拌
除了酵母與鹽，其餘材料低速4分鐘 自我分解法進行20分鐘 加酵母與鹽，低速4分鐘 高速30秒 攪拌完成溫度為22℃

一次發酵
溫度27℃・濕度80%　30分鐘 按壓排除空氣，醒麵30分鐘。相同步驟重複2次 按壓排除空氣，溫度5℃至少發酵12小時

分割
250g

中間發酵
溫度27℃・濕度80%　1小時 麵團回溫到15℃

成形
整成35cm長 兩端塑尖

最終發酵
溫度27℃・濕度80%　30～40分鐘

烘烤
割紋3條 前蒸氣、後蒸氣 上火240℃・下火240℃　20～22分鐘

配方
百合花法國粉（日清製粉）⋯⋯ 80%
Baguette Meunier（Moulins de Chérisy）⋯⋯ 20%
即發乾酵母（Saf-instant）⋯⋯ 0.15%
鹽（沖繩島鹽Shimamasu）⋯⋯ 2.1%
水 ⋯⋯ 76%

工具
螺旋型攪拌機（關東混合機工業）
層次烤爐 Camel（Kotobuki Baking Machine）

經典棍子麵包
250日圓

Pointage

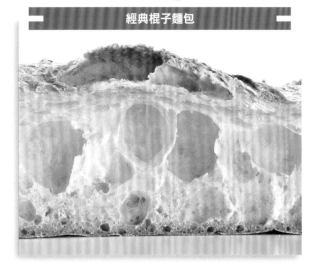

利用直接法萃取出材料原有的風味

　　中川師傅原本只追求突顯出本身美味的麵包，但是自從與法國料理餐廳的師傅聊過數次之後，他深深地感受到棍子麵包的必須性，因為「只要搭配美食，風味就可以變得更加深邃濃郁」。他以輕盈薄脆的外層與入口即溶的內層、輕巧之中帶著一股淡淡餘味的棍子麵包為目標，並且採用直接法製作。正因為步驟非常簡單，在製作的過程當中，光是一些細微的差異就足以讓味道產生戲劇性的變化。在徹底管理溫度與掌握攪拌時間這方面，他的態度固然嚴苛，但也因為如此，才能夠讓人享受到其他製法無法呈現的細膩風味，這正是其引人之處。只有用直接法做成的棍子麵包，才能夠充分地將那股輕淡的甜味與芳香提引出來，同時展現出洗練深邃的風味。

<table>
<tr><td colspan="2">攪拌</td></tr>
<tr><td colspan="2">除了酵母與鹽，其餘材料1速2分鐘
撒上酵母，使其融入其中
自我分解法進行20分鐘
一點一點地加入鹽，1速攪拌7～8分鐘，2速攪拌1分30秒～2分鐘
攪拌完成溫度為22℃</td></tr>
<tr><td colspan="2">一次發酵</td></tr>
<tr><td colspan="2">溫度26℃・濕度85%　90分鐘
按壓排除空氣
溫度26℃・濕度85%　90分鐘</td></tr>
<tr><td colspan="2">分割</td></tr>
<tr><td colspan="2">350g</td></tr>
<tr><td colspan="2">中間發酵</td></tr>
<tr><td colspan="2">溫度26℃　30分鐘</td></tr>
<tr><td colspan="2">成形</td></tr>
<tr><td colspan="2">整成48cm長</td></tr>
<tr><td colspan="2">最終發酵</td></tr>
<tr><td colspan="2">溫度28℃・濕度80%　50分鐘</td></tr>
<tr><td colspan="2">烘烤</td></tr>
<tr><td colspan="2">割紋7條
前蒸氣、後蒸氣
上火260℃・下火210～220℃
27～30分鐘</td></tr>
</table>

配方

百合花法國粉（日清製粉）	100%
即發乾酵母（Saf-instant）	0.4%
鹽（沖繩島鹽Shimamasu）	2%
麥芽糖漿	0.2%
水	70%

工具
螺旋型攪拌機（德國BOKU社）
層次烤爐（德國MIWE社）

經典棍子麵包
280日圓

Cupido!

追求絕佳的酥脆口感

　　陳列在店內的3款棍子麵包中，家常棍子麵包的口感最為輕盈酥脆。薄薄的外皮是為了搭配三明治而特地製作的。想要讓人能夠輕鬆地一口咬下，關鍵在於縮短發酵與烘烤的時間。然而這樣的作法卻很容易讓發酵的風味變淡，因此必須添加香味複雜的小麥酵母來填補。擁有馥郁甜味與芳香的GRAIND'OR很容易讓麵包變得太有分量，因此必須酌量使用，善加利用其本身具有的風味。

　　另外兩種分別是經典棍子麵包與傳統棍子麵包。前者經過長時間熟成，非常重視內層的濕潤感，適合搭配各種美食佳餚；後者是使用葡萄液種，烘烤出具有獨特香味的麵包，可以依據料理的內容來搭配各種熟食。

<table>
<tr><td colspan="2">攪拌</td></tr>
<tr><td colspan="2">麵粉、酵母與水以1速攪拌3分鐘
自我分解法進行20～30分鐘
加酵母，1速1分鐘
加鹽，1速2分鐘，2速6分鐘
攪拌完成溫度為20℃</td></tr>
<tr><td colspan="2">一次發酵</td></tr>
<tr><td colspan="2">溫度27℃・濕度75%　90分鐘</td></tr>
<tr><td colspan="2">分割</td></tr>
<tr><td colspan="2">280g</td></tr>
<tr><td colspan="2">中間發酵</td></tr>
<tr><td colspan="2">溫度25℃左右　10分鐘</td></tr>
<tr><td colspan="2">成形</td></tr>
<tr><td colspan="2">整成45cm長</td></tr>
<tr><td colspan="2">最終發酵</td></tr>
<tr><td colspan="2">溫度27℃・濕度75%　30分鐘</td></tr>
<tr><td colspan="2">烘烤</td></tr>
<tr><td colspan="2">割紋4條
後蒸氣
上火250℃・下火255℃　14分鐘</td></tr>
</table>

配方

Merveille（日本製粉）	75%
GRAIND'OR（熊本製粉）	25%
半乾酵母（Saf Semi-dry）	0.38%
小麥酵母	10%
鹽（guérunde鹽花）	2%
水	70%

工具
直立式攪拌機 螺旋勾攪拌頭
（Eski Mixer）
石窯烤爐（Tsuji Kikai）

家常棍子麵包
245日圓

Pain aux fous

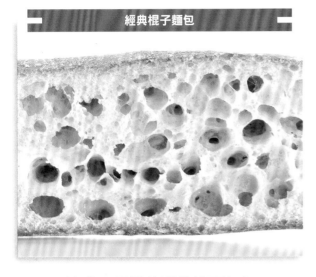

追求分量最飽滿的法國麵包

　　將3種風味截然不同的麵粉搭配裸麥香氣豐郁的魯邦種，烘烤出顏色較深、芳香無比的棍子麵包。這3種麵粉的絕妙搭配，讓人能夠品嘗到外層香濃的麵皮。將重點放在「香氣」上的荻原師傅，認為烘烤棍子麵包的關鍵在於將麩質形成的情況壓在最底限，藉以控制麵包膨脹的分量，好讓香氣完全封鎖在麵包裏。因此，自我分解的時候，水分要完全滲入麵粉內部，盡量減少攪拌的時間。當麵團粘和到某個程度時，就一點一點地加入少量的水，讓已經形成的麩質變得更加柔軟。

　　配方方面添加了La Tradition Francaise這款具有法國產小麥強烈香氣的麵粉。不過分量太多的話，味道會變得過於濃烈，因此用量必須控制在30%，加入適當的小麥香即可。這款棍子麵包的香氣雖然十分濃烈，但味道卻相當平順，能夠讓人直接品嘗到麵包應有的美好滋味。

攪拌
低速5分鐘
自我分解法進行4小時
低速5分鐘
倒入配方之外的水，低速1分鐘
攪拌完成溫度為24℃

一次發酵
溫度28℃　30分鐘
按壓排除空氣
溫度6℃　15小時
置於室溫，讓麵團回溫到12℃

分割
350g

中間發酵
溫度28℃　30分鐘

成形
整成40cm長

最終發酵
溫度28℃・濕度80%　30分鐘

烘烤
割紋3條
前蒸氣1次、後蒸氣2次
上火240℃・下火240℃　20分鐘

配方

TERROIR（日清製粉）	60%
La Tradition Francaise（Vrion社製・奧本製粉）	30%
Artisan（大陽製粉）	10%
鹽（Sel Boulangerie）	2.1%
生種酵母（東方酵母工業）	0.5%
麥芽糖漿	0.3%
魯邦種（以裸麥培養）	5%
水	70〜75%

工具
螺旋型攪拌機（愛工舍製作所）
層次烤爐（德國MIWE社）

經典棍子麵包
290日圓

BOULANGERIE ianak

將發酵時間拉長到極限

　　為了讓棍子麵包能夠更容易搭配各種餐點，製作時盡量不要讓味道太過獨特，好讓人可以直接品嘗到蘊含其中的小麥風味。由於經過低溫長時間發酵，外層或許略厚，但因為搭配了GRAIND'OR這款用石臼研磨而成的麵粉，吃起來不僅口感輕脆，還非常順口。

　　甘甜滋味是否能夠整個提引出來，端視發酵時間可以拉到多長。製作這款棍子麵包的時候，最重要的一點就是不要在麵團上施壓，利用自我分解的方式讓麵粉與水事先融合在一起，並且縮短攪拌時間。如此一來，不但可以降低攪拌完成的溫度，還能讓麵團有充足的時間慢慢發酵。光靠魯邦種無法烘烤出膨鬆的口感，因此必須借助酵母的發酵力量來達成這個目的。至於魯邦種，則是為了提引出小麥的甘甜滋味而添加的調味料。

攪拌
麵粉與水以低速攪拌1〜2分鐘
自我分解法進行30分鐘
加鹽、酵母與魯邦種，低速2〜3分鐘，高速4〜5分鐘
攪拌完成溫度為23℃

一次發酵
溫度25〜30℃　1小時

分割
300g

中間發酵
溫度25〜30℃　30分鐘

成形
整成50cm長

最終發酵
溫度5〜7℃・濕度80%以上 15〜20小時

烘烤
割紋5條
前蒸氣
上火250℃・下火230℃　20分鐘

配方

百合花法國粉（日清製粉）	65%
Legendaire（日清製粉）	20%
GRAIND'OR（熊本製粉）	10%
Roggen Feld（日清製粉）	5%
即發乾酵母（Saf-instant）	0.3%
魯邦種	15%
粗鹽	2.3%
水	66.5%

工具
螺旋型攪拌機（愛工舍製作所）
層次烤爐（德國MIWE社）

棍子麵包
240日圓

Les Cinq Sens

改變烘烤方式，呈現兩種不同口味

　　口感略硬、可以享受到芳香外皮的棍子麵包雖然是伊曼紐師傅的最愛，但他卻在裏頭添加了適合日本人口味的魯邦種，冀以追求柔軟的內層。店內提供了2款烘烤方式完全不同的棍子麵包，一款是以高溫短時間烘烤、外層薄脆、洋溢著一股小麥甘甜滋味的棍子麵包，一款是充分烘烤、外層略厚，同時能夠享受到小麥香甜氣味的棍子麵包。

　　在日本國產小麥當中，師傅最喜歡的就是TYPE ER，因為這種麵粉灰分高，而且香味與滋味非常接近他在法國使用的麵粉。這款棍子麵包的麩質含量不多，因此要拉長自我分解的時間，好讓裏頭的麩質粘和在一起。此外，還採用了法國傳統的老麵法。添加的老麵可以讓魯邦種以及自我分解所產生的風味變得更加濃郁深邃。

攪拌
麵粉、水、麥芽糖漿以低速攪拌3分鐘 自我分解法進行30分鐘～1小時 加入剩餘材料，低速攪拌7分鐘 攪拌完成溫度為24℃

一次發酵
溫度27℃・濕度50%　60分鐘 按壓排除空氣 溫度27℃・濕度50%　1小時30分鐘

分割
350g

中間發酵
溫度27℃・濕度50%　50分鐘

成形
整成40cm長

最終發酵
溫度30℃・濕度50%　45分鐘

烘烤
割紋6條 前蒸氣 上火250℃・下火230℃　20分鐘

配方

TYPE ER (江別製粉)	100%
生種酵母 (麒麟協和食品)	0.2%
魯邦種	20%
鹽 (guérunde鹽花)	2%
麥芽糖漿	0.5%
老麵	20%
水	68%

※使用的老麵是特地揉製的麵團

工具

直立式攪拌機（愛工舍製作所）
熔岩烤爐（櫛澤電機製作所）

經典棍子麵包
300日圓

金麥

利用波蘭法（水種法）提引出麵粉的甜味

　　店內提供的4種棍子麵包當中，師傅本身最喜歡的，就是這款使用法國麵粉、以波蘭法烘烤的經典棍子麵包。這款麵包的特色，就是可以享受到麵粉本身的甘甜滋味，而且內層濕潤，裏頭的大氣孔更是充滿光澤。

　　這款麵包的麵團非常柔軟，因此攪拌後必須透過壓除空氣的方式讓麵團變得更加強勁有力。想要輕鬆地讓麵團好好膨脹成形的話，需要高超的技巧，畢竟過度破壞會讓麵團無法膨脹。而其他3種棍子麵包分別為以日本國產小麥為配方、利用基本的中種法烘烤的棍子麵包；低溫長時間發酵釀出酸味、外層脆硬、內層密實又充滿嚼勁的裸麥棍子麵包；添加自家製葡萄乾種的天然酵母棍子麵包。而最適合搭配這款經典棍子麵包的，就是風味格外酸甜的番茄醬汁。

波蘭種
用手揉和攪拌 溫度18～20℃發酵16小時

攪拌
用手揉和攪拌波蘭種與剩餘材料 攪拌完成溫度為23～24℃

一次發酵
溫度27℃・濕度75%　1小時 麵團置於檯面，用手漂亮地拉開 按壓排除空氣（重複4次三摺作業）→上下翻面 溫度27℃・濕度75%　40～50分鐘 麵團置於檯面，用手漂亮地拉開 按壓排除空氣（重複4次三摺作業）→上下翻面 溫度25～26℃　20分鐘

分割
350g

中間發酵
溫度25～26℃　30分鐘

成形
整成45cm長

最終發酵
溫度27℃・濕度75%　30分鐘

烘烤
撒上麵粉，劃1條割紋 前蒸氣、後蒸氣各1.5秒 上火270℃・下火245℃　烘烤18～20分鐘

配方

波蘭種

TERROIR (日清製粉)	50%
生種酵母 (三共)	0.5%
麥芽糖漿	0.2%
水	55%
TERROIR (日清製粉)	50%
鹽 (伯方鹽)	2.1%
水	21%

工具

直立式攪拌機 (Eski Mixer)
烤爐（樂和製作所）

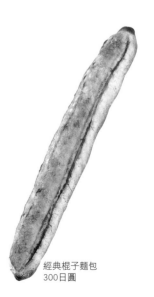

經典棍子麵包
300日圓

L'Atelier du pain

風味口感均衡、適合搭配餐點的麵包

　　同時設置法國料理餐廳的這家麵包店以提供「不影響美食風味的棍子麵包」為主題。外層太厚、內層密實過硬、味道太濃的棍子麵包是不合格的餐包。製作的時候，除了恰如其分的特色，麵包的風味與口感也要盡量恰到好處。外層適度的薄度可以讓口感更加酥脆，內層雖然Q彈卻非常輕盈，即使是年長的人也能夠毫無抗拒地食用。不僅如此，製作時竭盡全力想要呈現出來的，就是小麥原有的甘甜滋味。如果為了讓口感更加輕盈而增加酵母的分量，味道反而會流失。想要極力避免這種情況發生，攪拌完成的溫度就必須設低一點，讓酵素在發酵之前更加活絡，這點非常重要。此外，低溫長時間發酵還能夠將糖分保留下來。這款麵團非常適合製作成其他不同口味的麵包，例如拖鞋麵包、裏頭包了大紅豆的大納言麵包，甚至是培根蝦仁等口味的鹹麵包。

攪拌

1速3分鐘
攪拌完成溫度不到18℃

一次發酵

溫度27℃·濕度75%　20分鐘
按壓排除空氣（利用刮板）
溫度5℃　24小時
溫度25℃·濕度75%　6小時

分割

350g

成形

整成48cm長

最終發酵

溫度25℃·濕度75%　50分鐘

烘烤

割紋6條
前蒸氣
上火265℃·下火230℃　25分鐘

配方
Mont Blanc（第一製粉）……… 80%
Sumu Rera（Agrisystem）……… 20%
即發乾酵母（Saf-instant）…… 0.16%
鹽（海鹽）………………………… 2.1%
麥芽水 …………………………… 0.6%
水 ………………………………… 81%

工具
直立式攪拌機（愛工舍製作所）
層次烤爐（法國BONGARD）

棍子麵包
360日圓

Katane Bakery

長時間自我分解讓內層氣孔變大、口感輕盈

　　為了讓麵包店在一整天的營業時間內能夠隨時提供剛出爐的現烤法國麵包，麵包店不但在製法上下了不少工夫，還特地準備了2種麵團。這裏介紹的是清晨出爐的棍子麵包。製作重點是讓麵團在冰箱裏自我分解一晚，使裏頭的酵素更加活絡，如此一來，麵團會更容易膨脹，這樣就能夠縮短攪拌時間，烘烤出輕盈酥脆的口感，而且還可以提引出麵粉甘甜的滋味，風味也會變得更加濃厚。另外，酵素太活絡的話，會讓麵團過於鬆弛，因此置於常溫的時間、水溫，以及麵團的軟硬程度都必須視情況微幅調整。這款棍子麵包的酵母含量不多，所以發酵時間要久一點，將裏頭的空氣壓除時必須一邊讓麵團粘和，一邊使其膨脹。為了不讓麵團承受太多壓力，烘烤之前並不塑整成形。不過麵團會很容易變得鬆弛，因此最終發酵這個步驟必須在短時間內進行。

自我分解

麵粉與水置於室溫2小時
溫度4～5℃、發酵12小時

攪拌

麵團回溫到室溫，加入剩餘材料，1速攪拌3分鐘
攪拌完成溫度為23℃

一次發酵

溫度25℃·濕度70%　30分鐘
按壓排除空氣
溫度25℃·濕度70%　3小時
溫度4～5℃　18小時
麵團置於室溫，使其回溫到20℃
按壓排除空氣
溫度25℃·濕度70%　1小時

分割·成形

230g，切成28cm長

最終發酵

溫度25℃·濕度70%　40～50分鐘

烘烤

割紋3條
前蒸氣
上火260℃·下火250℃　10分鐘
上火260℃·下火235℃　18分鐘

配方
Merveille（日本製粉）………… 50%
Grand Croix（鳥越製粉）……… 40%
Sun Stone（大陽製粉）………… 10%
半乾酵母（Saf Semi-dry）·0.15%
鹽（伯方鹽·烤鹽）…………… 2.2%
水 ………………………………… 72%

工具
直立式攪拌機（Eski Mixer）
層次烤爐（法國BONGARD）

長時間發酵的
法國麵包
200日圓

Cupido!

白土司

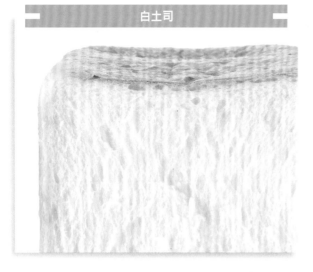

中種的發酵狀態決定了麵包香

　　麵包邊柔嫩，每個角落都讓人想細細品嘗，完全發揮真正美味價值的土司。一般人把土司帶回家時，通常會放到隔天再吃，因此製作的時候採用中種法，讓土司就算放置一段時間，依舊能夠保持濕潤口感。

　　只可惜中種法很容易讓麵粉的香味散失。為了克服這個缺點，並且把土司烤得香濃馥郁，確切掌握中種的發酵狀態是一件非常重要的事。當麵團快要發酵到極限時，就要提前一步停止發酵，以免麵團因為過熟而散發出一股發酵臭。另外，麵團發酵之後會自然地粘和在一起，因此攪拌也是要在麵膜鼓起之前停止，盡量不要讓麵粉的風味散失。

　　這款土司以香味濃郁的鄂霍次克為主，另外再加上保濕性高的百合花法國粉，烘烤出酥脆的口感。由於味道濃厚，除了香甜的配料，搭配培根或起司等風味香濃的食材也相當適合。

中種
1速攪拌3分鐘
攪拌完成溫度為25℃
溫度30℃、濕度75%，發酵90分鐘

攪拌
除了奶油，其餘材料1速4分鐘， 2速4分鐘 加入呈髮油狀的奶油，1速5分鐘，2速3分鐘 攪拌完成溫度為28℃

一次發酵
溫度30℃・濕度75%　40分鐘

分割
200g

中間發酵
溫度25℃左右　20分鐘

成形
車形

最終發酵
在2斤的土司模裏放4球麵團 溫度30℃・濕度75%　1小時30分鐘

烘烤
蓋上蓋子 上火180℃・下火230℃　35～40分鐘

配方

中種
鄂霍次克(昭和產業)	70%
生種酵母(東方酵母工業)	
	1.5%
水	45%

主麵團
鄂霍次克(昭和產業)	15%
3 Good(第一產業)	15%
鹽(Sel Boulangerie)	1.8%
特級砂糖	7.5%
脫脂濃縮乳	9%
無鹽奶油(明治乳業)	6.5%
水	17%

工具
直立式攪拌機　螺旋勾攪拌頭
(Eski Mixer)
石窯烤爐 (Tsuji Kikai)

白土司
1條736日圓

Boulangerie Prisette

方形土司

湯種的完成狀態會影響口感

　　利用湯種讓澱粉糊化，將小麥的香甜風味提引出來。這款土司的口感濕潤Q彈，深得日本人的喜愛，但特別的是這種麵團所烘烤的麵包入口即溶，無法應用做成其他麵包，因此是專門用來烤土司的麵團。滋味的好壞，取決於湯種的完成度。熱水溫度若過高，爐內膨脹的情況就會變差，導致土司內部變得太過密實；麵團太軟的話，又會失去湯種本身所帶來的效果。最理想的，就是跟美術製圖時使用的白色糨糊的硬度相同。雙手掬起時不會堆積在手上，會慢慢地往下掉落，這樣的軟硬程度恰到好處。如果要做6kg的麵團，只要使用90℃左右的熱水，攪拌完成的溫度就會比較容易接近理想的68℃。

　　除了方形，還提供山型白土司。使用的麵粉有百合花法國粉與金帆船（Golden Yacht），製作時採用直接法，讓出爐的土司口感酥脆輕盈，風味爽口不膩，非常適合做成烤土司。

湯種
低速攪拌3分鐘，高速攪拌2分鐘 攪拌完成溫度為68℃ 溫度5℃，發酵12小時

攪拌
除了奶油，其餘材料低速5分鐘，高速6分鐘 加入奶油，低速3分鐘，高速3分鐘 攪拌完成溫度為26℃

一次發酵
溫度29℃・濕度75%　30分鐘 按壓排除空氣 溫度29℃・濕度75%　30分鐘

分割
240g

中間發酵
溫度29℃・濕度75%　20分鐘

成形
圓筒形 在3斤的土司模裏放6球麵團

最終發酵
蓋上蓋子 溫度29℃・濕度75%　60分鐘

烘烤
上火205℃・下火240℃　38分鐘

配方

湯種
Belle Moulin (丸信製粉)	40%
粗鹽	2%
特級砂糖	8%
水	34%
Belle Moulin (丸信製粉)	60%
生種酵母(東方酵母工業)	2%
麥芽糖漿	0.1%
脫脂奶粉	2%
無鹽奶油(高梨乳業)	6%
水	40%

工具
螺旋型攪拌機(Kotobuki Baking Machine)
層次烤爐(Kotobuki Baking Machine)

方形土司
1斤280日圓

BOULANGERIE ianak

風味不會過於突兀，強調麵包的芳香

「麥片」通常會讓人聯想到硬麵包，但因市面上的需求高，故放膽將這種麵包做成日本人喜歡的濕潤土司。除了添加20%含有10種穀物的綜合麥片D25-S，製作的時候其他配方幾乎與原味土司一樣。這款土司不但可以讓人充分感受到濃濃穀香，雜糧的風味也不會太過突兀，非常容易入口。

麵粉方面只使用Savory這款高筋麵粉。最令人滿意的就是這種麵粉很適合搭配該店的魯邦種，並且非常容易把麵種的風味整個散發出來。以原味土司為首，每當要製作比較濕潤的麵團時，都會以這種麵粉為主要材料。

與其添加其他材料在麵團裏，把土司加工做成三明治、法式土司等鹹口味的麵包，反而比較能夠襯托出這款土司的獨特風味。

攪拌
除了奶油，其餘材料1速1分30秒，3速5分鐘 加入呈髮油狀的奶油，1速1分30秒，3速4分鐘 攪拌完成溫度為25℃

一次發酵
溫度25～30℃　45分鐘

分割
240g

中間發酵
溫度25～30℃　15分鐘

成形
滾圓後在1斤的土司模裏放2球麵團

最終發酵
溫度30℃・濕度80%　1小時

烘烤
上火220℃・下火230℃　20分鐘

配方
Savory（日清製粉）	80%
綜合麥片D25-S（Zeelandia）	20%
即發乾酵母（Saf-instant）	0.6%
魯邦種	15%
粗鹽	2%
發酵奶油（雪印乳業）	5%
細砂糖	4%
脫脂奶粉	4%
水	60%

工具
直立式攪拌機（愛工舍製作所）
層次烤爐（德國MIWE社）

雜糧土司
480日圓

麵包工房　風見雞

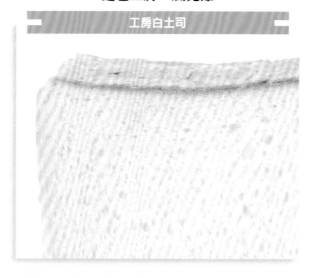

混合不同麵種，讓麵團一口氣膨脹起來

這款土司混合使用了3種糖，烘烤出複雜香醇的甜味與高雅濕潤的口感。由於糖分多，加上煉乳與蜂蜜中所含的糖質不容易被分解，如果發酵的力量不夠強，麵團就會無法膨脹。為了解決這個問題，師傅使用3種不同的酵母種來做麵團。光靠天然酵母讓麵團膨脹的話，發酵力會比較薄弱，因此必須花上一段時間慢慢發酵才行。但是如果將星野天然酵母做成的生種酵母、中種與小麥發酵製成的魯邦種組合起來的話，發酵力就會大幅提升，讓麵團能夠在短時間內發酵。這時候可以添加湯種，強化麩質表膜，以增強發酵力。每種發酵種均各自擁有獨特而且滋味甘甜的酵母，以及發酵過後所帶來的甘醇滋味，即使發酵時間不長，依舊能夠呈現風味深邃濃郁的土司。

中種
中速攪拌2分鐘 攪拌完成溫度為22℃ 溫度30℃，發酵6小時 或溫度22～23℃，發酵16小時

湯種
在熱水裏依序加入鹽、特級砂糖、麵粉，用木杓拌打出麩質，直到呈現麻糬狀為止

攪拌
除了奶油與豬油，其餘材料1速4分鐘，2速2分鐘 加入常溫的奶油與豬油，1速2分鐘，2速6分鐘 攪拌完成溫度為30℃

一次發酵
溫度30℃・濕度85%　90分鐘

分割
235g

中間發酵
溫度23～24℃　20分鐘

成形
捲成圓筒狀，在3斤的土司模裏放6球麵團

最終發酵
蓋上蓋子 溫度38℃・濕度90%　90～120分鐘

烘烤
200～210℃　30～40分鐘

配方
十勝夢想混合麵粉（Agrisystem）	100%
生種酵母	6%
魯邦種	5%
中種	60%
サンク・ド・オテル（Sanku do oteru）（星野物產）	100%
生種酵母	12%
日曬鹽	2%
特級砂糖	6%
煉乳	5%
蜂蜜	5%
水	100%
湯種	5%
サンク・ド・オテル（Sanku do oteru）（星野物產）	100%
日曬鹽	2%
特級砂糖	2%
熱水	200%
特級砂糖	6%
日曬鹽	2%
加糖煉乳	5%
蜂蜜	5%
濃縮乳	5%
發酵奶油（幸運草乳業）	3%
豬油	3%
水	37%

工具
直立式攪拌機 Mighty 螺旋勾攪拌頭（愛工舍製作所）
熔岩烤爐（櫛澤電機製作所）

工房白土司
6片
300日圓

玉米土司

搭配玉米奶油的相乘效果營造出濃郁甜味

滋味濃郁，連麵包邊的口感都十分Q彈，這是與儀師傅的土司特色。其中用玉米奶油來取代水的玉米麵包麵團除了本身的甜味，還添加了一股玉米的清甜，讓風味變得更加濃厚。他想製作的雖然是不用塗抹任何東西就可以直接吃的麵包，不過這款土司也非常適合搭配火腿或鮪魚等配料，麵包店也經常用這款土司做三明治。

這款土司使用的是酵母用量減至最少的老麵，並且置於常溫慢慢發酵，藉以提引出嚼勁與甜味。由於麵團非常柔軟，因此製作時的重點，就是必須好好揉麵，讓麵團粘和，直到用刮板拿起時可以感受到非常有彈性為止。

加入少許楓糖漿，這樣甜味會比蜂蜜來的更清淡不膩，同時還能夠將玉米的清甜滋味完全襯托出來。而玉米澱粉的顆粒也可以讓麵包的風味更有層次。

事前準備
在玉米澱粉裏加入兩倍分量的熱水，浸泡1晚

攪拌
混合麵粉與脫脂奶粉後加鹽 加入打散的蛋黃、玉米奶油與老麵，1速3分鐘 一點一點地加入楓糖漿，2速4分鐘，3速8～10分鐘 加入奶油，1速3分鐘，2速4～5分鐘 攪拌完成溫度為20℃左右

一次發酵
溫度20℃・濕度80～85% 18小時

分割
450g

中間發酵
溫度28℃左右 30分鐘

成形
滾圓之後放入12cmx12cm、高11cm的土司模裏

最終發酵
溫度28～30℃・濕度80～85% 4小時

烘烤
撒上玉米澱粉，蓋上蓋子 下火230℃・上火210℃ 30分鐘

配方
モナミ（Monami）（丸信製粉）
	100%
鹽（沖繩島鹽Shimamasu）	1.8%
蛋黃	7%
脫脂奶粉	5%
楓糖漿	7%
無鹽奶油（明治乳業）	5%
玉米奶油罐	85%
玉米澱粉	10%
老麵	5.5%

工具
直立式攪拌機（愛工舍製作所）
層次烤爐（法國BONGARD）

玉米土司
1斤380日圓

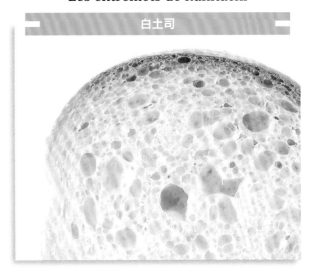

白土司

在麵種裏添加天然酵母，保持濕潤口感

這款麵包之所以要求口感濕潤，是希望能夠天天吃也不會膩。使用天然酵母製作的麵種不僅可以保存較久，還能夠持續維持濕潤的口感。砂糖的分量雖然不多，但是只要讓麵種長時間發酵，使麩質充分糖化，就能夠增添一股自然的甜味，而且香味濃厚，令人垂涎三尺。麵粉方面使用了50%蛋白質含量較多的Gorudenmanmosu，烘烤出鬆鬆軟軟的口感。

因為是平常吃的麵包，故內層密實耐餓，此外還添加適合搭配各種配料的起酥油，以烘烤出清爽不膩的口味。不過讓鈖澤師傅比較頭疼的是鹽的分量。雖然想配合健康取向而特地控制用量，但是不假思索地任意減少的話，反而會讓麵包失去甘甜的滋味，因此他希望能夠找到可以呈現香醇風味的最底線，以便調整鹽的分量。

攪拌
除了起酥油，其餘材料低速3～4分鐘，中速7～8分鐘 麵團溫度超過25℃時，加入起酥油，中速3～4分鐘 攪拌完成溫度為25～27℃

一次發酵
溫度28℃ 50～55分鐘 按壓排除空氣 溫度28℃ 50～55分鐘

分割
250g

中間發酵
溫度28℃ 10～15分鐘

成形
滾圓後在9cmx20cmx高8cm的土司模裏放入2球麵團

最終發酵
溫度28℃ 50分鐘～1小時

烘烤
溫度200℃ 40分鐘

配方
Mont Blane（第一製粉）	50%
ゴールデンマンモス（Goruden manmosu）（第一製粉）	50%
魯邦三號種	91%
粗鹽	2.8%
特級砂糖	8%
起酥油	8%
維他命C	0.4%
水	65%

工具
直立式攪拌機（Hobart Japan）
層次烤爐（Pavailler）

山型土司
473日圓

16

金麥

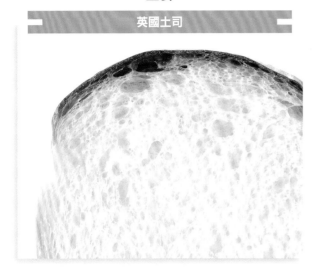

高溫短時，烘烤出芳香濕潤的土司

　　相對於廣集人氣、滋味香甜馥郁的土司風潮，這裏堅持提供傳統道地、「每天吃也不會膩的簡單土司」。以在老字號飯店學到的配方為主，除了增加砂糖的量，發酵時間也隨之拉長，並且縮短烘烤的時間。同一種麵團雖然烤出了山型與方形兩種土司，但是不同的形狀呈現出來的口感卻截然不同。師傅本身喜歡的，是沒有蓋上蓋子，直接放入爐內烘烤的山型土司。剛出爐的土司散發出來的氣味格外獨特芳香，切片烘烤後口感酥脆輕盈。相對地，較為濕潤的方形土司深受年長者的支持。高溫短時的烘烤方式讓裏頭的水分在蒸發時能夠得到控制，進而烤出內層濕潤，外層酥脆的成品，令許多人對「酥脆美味的麵包邊」讚不絕口。此外，這種麵團還可以用來做成咖哩麵包或紅豆麵包。

攪拌
除了奶油，其餘材料1速7～8分鐘 加入常溫的奶油，2速4～5分鐘，3速30秒 攪拌完成溫度為27℃

一次發酵
溫度28℃・濕度75%　1小時30分鐘 按壓排除空氣 溫度28℃・濕度75%　20分鐘

分割
90g

中間發酵
溫度25～26℃　20～30分鐘

最終發酵
在1.5斤的土司模放4球麵團 溫度28℃・濕度75%　1小時40分鐘～2小時

烘烤
上火220℃・下火260℃ 18分鐘

配方

金帆船（Golden Yacht） （日本製粉）	50%
サンク・ド・オテル（Sanku do oteru） （星野物產）	50%
即發乾酵母（Saf-instant）	0.2%
生種酵母（三共）	1%
鹽（伯方鹽）	2.2%
紅糖	4%
牛奶	10%
無鹽奶油	4%
水	68%

工具

直立式攪拌機（Eski Mixer）
烤爐（榮和製作所）

英國土司
420日圓

---

nemo Bakery & Cafe

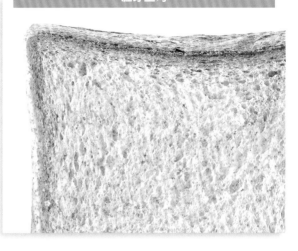

每日管理烘烤程度，確切掌握攪拌程度

　　這款土司裏的胚芽經過烘烤之後芳香無比，不管果醬、起司還是肉類料理，都讓人想要搭配著一起吃吃看。胚芽是一批一批地烘烤，而且每批烤出來的程度都不相同，因此使用之前要先確認香味，不夠的話再加以烘烤。配方當中有15%的胚芽，以加強麵包的香氣，並且採用直接法來製作。配方本身與一般土司沒有兩樣，但是因為添加了胚芽，使得麵團在揉和的時候不容易掌握攪拌的時間點。首先是裏頭的麩質太少，常會造成過度攪拌，結果做出無法在爐內膨脹的麵團。另外要特別注意的一點，就是乾燥的胚芽很容易讓攪拌完成的麵團溫度上升。攪拌之後裏頭的胚芽會吸水，造成麵團越來越結實，因此攪拌的時候必須稍微節制。每天出爐的土司都會嚴格記錄，以便掌握最佳狀態，這一點非常重要。

攪拌
除了奶油，其餘材料低速3分鐘，中速3分鐘 加入常溫的奶油，低速2分鐘，中速3分鐘，高速1分30秒 攪拌完成溫度為27℃

一次發酵
溫度38℃・濕度80%　1小時 按壓排除空氣 溫度38℃・濕度80%　30分鐘

分割
240g

中間發酵
溫度30℃・濕度45%　20～25分鐘

成形
整成圓筒形，在3斤的土司模裏放6球麵團後蓋上蓋子

最終發酵
溫度38℃・濕度80%　1小時

烘烤
上火215℃・下火235℃ 35分鐘

配方

Savory（日清製粉）	85%
HI-GY A（日清製粉）	15%
鹽（蒙古鹽）	2%
即發乾酵母（Saf-instant）	1%
特級細砂糖（日東商事）	6%
脫脂奶粉	2%
無鹽奶油（明治乳業）	5%
水	70%

工具

直立式攪拌機 Mighty（愛工舍製作所）
層次烤爐（Kotobuki Baking Machine）

胚芽土司
1斤300日圓

Pointage

豆漿白土司

可輕鬆做出其他口味、發酵時間持久的麵團

　　土司是日本人最熟悉的麵包，正因為如此，店裏的土司選擇非常豐富，光是麵團就有方形土司、白土司、天然酵母、酒花種、葡萄乾麵包、與豆漿這7種。其中運用範圍最為廣泛的，就是豆漿白土司。這款土司是用豆漿取代牛奶，健康而且味道圓醇。平順的口味之中帶有一股溫和的獨特芳香，非常適合搭配黑豆與抹茶等日式食材。麵團裏頭使用了40%可以經過長時間發酵，而且發酵力極為強勁的中種，讓烤出來的麵包能夠長時間保持鬆軟濕潤。利用中種法做麵團的話，麵粉的風味很容易變淡，不過只要添加豆漿的風味，讓味道變得更加豐富，就可以彌補這個缺失。此種麵團具有持久性，非常適合添加配料做成其他不同口味的麵包。

中種
用木杓攪拌至沒有結塊為止 溫度26℃，發酵90分鐘 溫度5℃，發酵16小時

攪拌
除了奶油，其餘材料低速2分鐘，中速5分鐘 加入冰奶油，中速5分鐘 攪拌完成溫度為25℃

一次發酵
溫度26℃　1小時

分割
420g

中間發酵
溫度26℃　30分鐘

成形
滾圓之後在11cmx20cm，高8cm的土司模裏放3球麵團

烘烤
上火210℃・下火220℃　30分鐘

配方
中種
Belle Moulin (丸信製粉)	40%
即發乾酵母 (Saf-instant)	0.2%
蛋黃	3%
水	41%
Belle Moulin (丸信製粉)	60%
即發乾酵母 (Saf-instant)	1.2%
鹽 (沖繩島鹽Shimamasu)	2%
無鹽奶油 (幸運草乳業)	6%
豆漿	35%

工具
直立式攪拌機 (愛工舍製作所)
層次烤爐 (德國MIWE社)

原味土司
（參考商品）

Bäckerei Brotheim

法國土司

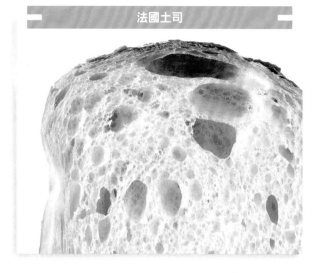

利用波蘭法大幅提升麵包香

　　想用簡單的材料，把小時候吃的那個熟悉又好吃的麵包做得更美味。這個念頭讓明石師傅經歷了多次失敗，最後終於想出用波蘭法這個方法來製作。此種方法做成的麵團水分較多，會促進發酵與熟成，並且讓香氣與豐醇滋味劇烈增加。製作麵種的重點，在於用打蛋器手動攪拌，讓大量空氣滲入麵團裏，藉以穩定發酵力。採用波蘭法時，理論上每30%的麵粉與水要加入0.1%的酵母，但若覺得甜味不足，酵母的分量可以調至2倍。不過這樣很容易讓麵團過度發酵，因此要加些鹽來控制。

　　將小麥芳香截然不同的Legendaire與百合花法國粉相互搭配，讓香味更加豐富，接著再加入豬油使味道變得醇厚，並且利用法國麵包的發酵種來增添風味與香氣。壓除裏頭的空氣時稍微控制一下，不要擠出太多，這樣就能夠把那股馥郁的芳香整個鎖在麵包裏了。

波蘭種
用打蛋器手動攪拌 攪拌完成溫度為20℃ 溫度27℃、濕度75%，發酵3小時30分鐘 溫度5℃，發酵至少12小時

攪拌
麵粉、酵母、鹽、麥芽糖漿、波蘭種，以低速4分鐘、中速10分鐘攪拌 加水，中速4分鐘 加入發酵種，中速2分鐘 加入豬油，中速2分30秒 攪拌完成溫度為24℃

一次發酵
溫度24℃・濕度75%　1小時 按壓排除空氣 溫度28℃・濕度75%　40分鐘

分割
400g（麵團比容積為3.15）

中間發酵
溫度28℃・濕度75% 25～30分鐘

成形
滾圓之後放入1250cc的土司模裏

最終發酵
溫度28℃・濕度75%　1小時15分鐘以上

烘烤
前蒸氣、後蒸氣 上火230℃・下火250℃　30分鐘

配方
波蘭種
Legendaire (日清製粉)	40%
即發乾酵母 (Saf-instant)	0.2%
鹽	0.1%
水	40%
百合花法國粉 (日清製粉)	60%
乾酵母 (Saf)	0.3%
麥芽糖漿	0.2%
發酵種	15%
鹽	2.1%
豬油	2%
水	40%

※發酵種使用了前一天的法國麵包麵團

工具
螺旋型攪拌機 (德國KEMPER)
層次烤爐 (法國BONGARD)

法國土司
350日圓

patisserie Paris S'eveille

全麥土司

減少配方材料與步驟，讓土司風味更儉樸

　　正因為是每天都要吃的土司，即使裏頭的添加物分量非常少，還是會讓人耿耿於懷，因此這款土司捨棄了所有多餘的東西，只使用基本材料做出簡單不膩的口味，甚至酵母的量也非常少，並搭配葡萄乾與蘋果發酵製成的天然酵母麵種。這款土司可以充分感受到一股豐富的發酵香與淡淡的酸味，而且越嚼味道越香醇。麵包內層因為酵母的力量極為密實，充滿嚼勁的口感讓人食指大動。為了善加利用酵母的風味，使用的麵粉是口味平順、容易處理的百合花法國粉。材料不多，使得酵母的狀態會直接呈現在風味上，因此使用好的酵母就成了絕對條件。加上配方中的水量比例略低，讓這款麵包非常容易吸收蒸氣。多花點時間，以蒸烤的方式慢慢增加濕潤感。烘烤時也可以不放入模具裏，改用發酵籃做成硬皮圓麵包，如此一來口感會變得比較輕盈。

攪拌
麵粉、酵母、水以1速攪拌7分鐘 加入鹽、麥芽糖漿、天然酵母種， 中速5分鐘 攪拌完成溫度為25～26℃

一次發酵
溫度30℃・濕度75%　1小時30分鐘 按壓排除空氣 溫度24～25℃　30分鐘

分割
700g

成形
整成長條，放入1斤的土司模裏

最終發酵
溫度30℃・濕度75%　1小時30分鐘

烘烤
前蒸氣與後蒸氣多一些 上火240℃・下火240℃　20分鐘 前後交換，再烘烤20分鐘

配方

百合花法國粉（日清製粉）	100%
即發乾酵母（Saf-instant）	0.2%
鹽（天鹽）	2.3%
天然酵母種	38%
麥芽糖漿	0.9%
水	60%

工具
直立式攪拌機（愛工舍製作所）
層次烤爐（Pavailler）

全麥土司
600日圓

Pain aux fous

法國白土司

減少麩質，讓口感更加酥脆

　　這款土司是經常出現在法國聖誕節或家庭派對上、非常特別的麵包。裏頭所含的奶油並沒有布里歐多，因此搭配美食的話，吃起來清爽不膩。法國人通常會切成薄片，做成開胃鹹點，而麵包店也大力推行這種吃法。這款麵包雖然不像日本麵包那樣Q彈，但是口感酥脆，尤其切片烤過之後更加明顯。為了烘烤出清脆口感，配方中的高筋麵粉與中筋麵粉比例相同，並且盡量減少攪拌的時間以避免麩質產生。在所有的高筋麵粉當中，Legendaire呈現的嚼勁比較沒有那麼強烈，容易處理。另外，還用轉化糖來取代砂糖，如此一來，不但可以控制甜味，還能夠增添糖的保濕性。在經過低溫長時間發酵之後，濕潤感會增加，讓整個味道融為一體。

攪拌
除了奶油，其餘材料低速攪拌5分鐘，轉中速時不需測量時間，只要麵團能與碗盆整個分離即可 加入切成小塊的冰奶油，低速攪拌至奶油融入麵團為止 攪拌完成溫度為26℃

一次發酵
溫度28℃　1小時 按壓排除空氣 溫度6℃　15小時 置於室溫，讓麵團回溫至12℃

分割
600g

中間發酵
溫度28℃　30分鐘

成形
整成長條，放入1.5斤的土司模裏

最終發酵
溫度30℃・濕度80%　2小時

烘烤
上火220℃・下火220℃　23分鐘

配方

TERROIR（日清製粉）	50%
Legendaire（日清製粉）	50%
鹽（Sel Boulangerie）	2%
生種酵母（東方酵母工業）	4%
細砂糖	3%
轉化糖	3%
脱脂奶粉	10%
無鹽奶油（明治乳業）	16%
全蛋	20%
水	40%

工具
直立式攪拌機（愛工舍製作所）
層次烤爐（德國MIWE社）

法國白土司
550日圓

Les Cinq Sens

法國鄉村麵包

利用棍子麵包的外型來強調芳香的外層

　　這款麵包最重視的，就是芳香的外層。以棍子麵包的外型來取代龐大的造型，藉以增加外層的面積。這種麵團吸收的水分少，直直劃上的一大條割紋，能夠讓裏頭的水蒸氣輕鬆地蒸發，烘烤到最後時，還打開烤爐的風門，讓裏頭的水蒸氣完全排出，因此得以烤出又酥又脆的麵包。只要經過低溫長時間的發酵與熟成，就能夠增加麵團裏的糖分，如此一來，不僅會釋出甜味，麵包也比較容易烤出顏色，同時香味還會更加濃郁。攪拌與壓除空氣時稍微施力，讓裏頭的麩質能夠扎實地粘和在一起，使其產生大氣泡，讓麵包更有嚼勁。麵粉裏不添加裸麥，而是使用裸麥培養的魯邦種。魯邦種有股恰到好處的酸味，搭配老麵的甜味，讓烤出的麵包越嚼越有味，非常適合搭配肉類或起司等風味濃厚的美食。

攪拌
除了老麵，其餘材料低速5分鐘 加入老麵，中速5分鐘 攪拌完成溫度為23℃

一次發酵
溫度27℃・濕度50%　30分鐘 按壓排除空氣，溫度5℃發酵15小時 按壓排除空氣，溫度30℃・濕度60%發酵1小時，讓麵團回溫至20℃

分割
350g

最終發酵
溫度30℃・濕度60%　40分鐘

成形
整成40cm長

烘烤
割紋1長條 前蒸氣 上火240℃・下火230℃　20〜22分鐘 出爐前5分鐘打開烤爐的風門

配方

TYPE ER（江別製粉）	100%
生種酵母（麒麟協和食品）	0.3%
水	70%
鹽（guérunde鹽花）	2.4%
魯邦種	30%
老麵	40%

※老麵使用的是特地製作的麵團

工具
直立式攪拌機（愛工舍製作所）
熔岩烤爐（櫛澤電機製作所）

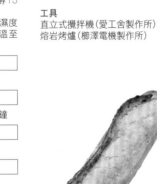

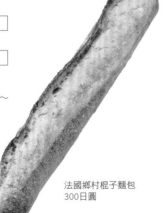

法國鄉村棍子麵包
300日圓

Cupido!

法國鄉村麵包

充分提引香味，並烘烤出順口的風味

　　法國的鄉村麵包都是屬於味道較濃的麵包，這是不變的鐵則。至於為何如此，則是因為很多人會搭配油脂較多的肉類熟食（Charcuterie）享用。不過，由於是在日本，因此東川師傅認為即使是外觀端麗的鄉村麵包，直接品嘗其本身美味也是人間一大享受。因此他想要製作出容易搭配各種食材，每天吃也不會膩的口味。

　　稍微控制裸麥麵粉的比例，調整出不會太過強烈的味道。這裏特地使用外皮含量較多的粗粒麵粉，讓享用的人能夠充分地感受到裸麥的芳香與口感。另外，麵團裏還添加了液種，透過長時間的發酵來抑制酸味，再利用發酵提引出甜味。吸水率因為提高到極限，所以麵團很容易鬆弛，這時候的重點，就是要縮短中間發酵與最終發酵的時間。

攪拌
麵粉、液種與水以1速攪拌3分鐘 自我分解法進行30分鐘 加鹽，1速3分鐘，2速2分半 攪拌完成溫度為20℃

一次發酵
溫度23℃・濕度75%　16小時

分割
1.6kg

中間發酵
溫度25℃左右　15分鐘

成形
整成35cm的長條形，放入發酵藤模裏

最終發酵
溫度30℃・濕度75%　30分鐘

烘烤
割紋1條 後蒸氣 將溫度設定在上火240℃、下火230℃，麵團放入烤爐之後，將上火調降至230℃，烘烤35分鐘

配方

Merveille（日本製粉）	88%
Seigle Type 130（奧本製粉）	12%
液種（自家製山葡萄酵母）	8%
鹽（洛林岩鹽）	2%
水	62%

工具
直立式攪拌機 螺旋勾攪拌頭
（Eski Mixer）
石窯烤爐（Tsuji Kikai）

法國鄉村麵包
100g 120日圓

patisserie Paris S'eveille

法國鄉村麵包

透過長時間冷藏發酵，提引出需要的酸味

　　這款麵包最理想的狀態，就是咬到第3口時會嘗到酸味，尤其是咀嚼外層的時候，風味會逐漸瀰漫在嘴裏。金子則子小姐本來不太喜歡吃酸味太濃的麵包，但她在法國學到的鄉村麵包酸味卻巧妙地突顯出裸麥的風味，讓人深深體會到酸味的魅力。為了盡量呈現出這股風味，她在製作時並不刻意壓抑酸味，反而希望透過巧妙的提引方式，讓麵包的風味更加深邃。重點就是要放在冰箱裏長時間發酵。麵種本身只要置於常溫下經過長時間發酵，就會具備充分的發酵力；而充滿活力的酵母一旦冷卻，即可增添酸味。由於酵母的力量非常強，即使放久一點，裏頭的水分也不會蒸發，而且還有讓外層保持芳香的優點。現在烘烤的鄉村麵包風味雖然是最棒的，不過她還是希望能夠讓外層的口感更酥脆些，而今後的目標，就是積極地不斷改良，以提供心目中的理想鄉村麵包。

攪拌
麵粉與水以1速攪拌2分鐘
自我分解法進行15分鐘
加入鹽、酵母、魯邦種，1速攪拌5分鐘
攪拌完成溫度為23℃

一次發酵
溫度27℃・濕度75%　2小時

成形
600g

最終發酵
放入發酵藤模裏
溫度3℃　8～10小時
溫度27℃・濕度75%　2小時30分鐘

烘烤
割紋2條
前蒸氣、後蒸氣
上火250℃・下火235℃　30分鐘

配方
百合花法國粉（日清製粉）⋯⋯⋯82%
Roggen Feld（日清製粉）⋯⋯⋯18%
魯邦種⋯⋯⋯37%
生種酵母（東方酵母工業）⋯⋯0.05%
鹽（天鹽）⋯⋯⋯2.2%
水⋯⋯⋯75%

工具
直立式攪拌機（愛工舍製作所）
層次烤爐（Pavailler）

法國鄉村麵包
530日圓

nukumuku

法國鄉村麵包

使用液種做出輕盈酥脆的口感

　　這款鄉村麵包顛覆了「沉重又充滿嚼勁」的傳統概念，成功地挑戰了輕盈酥脆的口感，想要烘烤的，就是酸味略微收斂，同時又能夠品嘗到裸麥濃厚香氣與豐醇氣息的滋味。

　　使用的葡萄乾種為液態。直接把液體加入麵團裏，就能夠烤出Q彈又輕盈的麵包，而且也比較不會有酸味。此外，水果的新鮮滋味還可以去除裸麥特有的異味，讓麵包的味道變得更加爽口不膩。

　　只要麵團一放入高溫烤爐裏，就立刻把裏頭的蒸氣提升至極限，目的是為了藉由高溫將外層烤得輕薄，接著利用蒸氣把外皮烘得酥脆。所有的硬質麵包都是利用這種方式來烘烤。

　　經過長時間發酵的麵團甜味完全提引而出，與其搭配甜的食材，選擇鹹口味的食物會比較合適。

攪拌
將調好的葡萄乾種、麥芽水、水倒入鹽裏，用打蛋器攪打均勻
加入麵粉，1速攪拌4分鐘，2速攪拌9～10分鐘
攪拌完成溫度為20℃

一次發酵
溫度20℃・濕度80～85%　18小時

分割
750g

最終發酵
放入發酵藤模裏
溫度28～30℃・濕度80～85%　3小時

烘烤
割紋13條
上火260℃、下火230℃，分數次盡量讓蒸氣充滿烤爐，10分鐘
上火調降至250℃烘烤10分鐘
上火調降至240℃、
下火調降至220℃，
烘烤10～14分鐘

配方
Mont Blanc（第一製粉）⋯⋯⋯70%
Roggen Natural（鳥越製粉）⋯⋯10%
Vanguard Land（鳥越製粉）⋯⋯10%
BH15（熊本製粉）⋯⋯⋯10%
鹽（guérunde鹽花）⋯⋯⋯2.1%
麥芽水⋯⋯⋯0.5%
葡萄乾種⋯⋯⋯2.6%
水⋯⋯⋯88%

工具
直立式攪拌機（愛工舍製作所）
層次烤爐（法國BONGARD）

法國鄉村麵包
850日圓

Katane Bakery

使用發酵種來調整酸味

　　長年以來只想用小麥麵粉做出鄉村麵包，最後終於藉由這個麵團如願以償。裏頭並沒有添加裸麥麵粉，內層口感十分鬆軟，散發出宛如天然酵母般深邃的香味與酸味。扎實的外層可以輕易地將內層的水分完全封鎖，如果放置一個禮拜，每天都能品嘗到不同口味。直接使用全麥麵粉做成的本種的話，酸味會太過強烈，故要利用本種製作初種，接著再利用初種製作發酵種。一旦採用這種製法，在要用時只做所需分量，製作的時候就不會占用太多空間，而且還能夠在每次製作時調整酸味。為了迎合健康取向這股潮流，使用的是100%的有機麵粉。以石臼研磨的T85為主，另外再搭配灰分較高、甜味較濃、比例為20%的T110。灰分較高的麵粉通常會有股特殊的味道，可是此款麵粉的香味能讓人察覺不到這股味道，加上吸水性佳，製作時非常好用。

初種
1速攪拌4分鐘
攪拌完成溫度為22℃
溫度27℃・濕度70%，發酵6小時

發酵種
1速攪拌5分鐘
攪拌完成溫度為22℃
溫度27℃・濕度70%，發酵3～4小時
溫度5℃，發酵18小時

攪拌
除了鹽，其餘材料1速攪拌2分鐘
加鹽，2速攪拌2～3分鐘
攪拌完成溫度為23～24℃

一次發酵
溫度25℃、濕度70%，發酵1小時30分鐘
按壓排除空氣之後發酵1小時

分割
500g

中間發酵
溫度25℃・濕度70%　25分鐘

成形
滾圓，放入發酵藤模裏

最終發酵
溫度27℃・濕度70%　3小時

烘烤
各劃3條割紋並劃出格子紋路
前蒸氣
上火260℃・下火245℃　10分鐘
上火250℃・下火230℃　50分鐘

配方

初種
有機北方之香T85 (Agrisystem)
.... 5.5%
魯邦種 1.8%
水 3.6%

發酵種
有機北方之香T85 .... 18.5%
初種 .... 全部
水 12%

主麵團
有機北方之香T85 .... 56%
有機北方之香T110 (Agrisystem)
.... 20%
發酵種 .... 全部
鹽 (guérunde鹽花) ... 2.2%
水 67%

工具
直立式攪拌機 (Eski Mixer)
層次烤爐 (法國BONGARD)

法國鄉村麵包bio
500日圓

Pain aux fous

風味平順，依據烘烤方式呈現不同的風貌

　　這是Pain aux fous店內應用範圍最廣泛的麵團。除了將在法國學到的滋味如實地再次重現，還另外搭配在日本可以買到的麵粉，調整出一套獨家製法，展現出在法國品嘗到的「美味」。製作時除了添加魯邦種，還加上口味清淡的Terroir來增補風味。此外還搭配用石臼研磨、香味高雅的法國產小麥Artisan，烘烤出味道平穩、氣息深邃的麵包。烘烤的時候會根據想要追求的口感與風味來區分調整。例如想要體會魯邦種那股清淡以及令人感到十分舒適的酸味，烘烤的時間就久一點，如此一來，裸麥風味也會變得更加濃郁；烘烤的時間如果短一點，口感就會變得Q彈。添加其他配料的時候，可以配合口感，不要烤太久；加入核果或水果的時候，則可烤得久一點，讓芳香的風味能夠媲美麵團的滋味。

攪拌
低速15分鐘
攪拌完成溫度為22℃

一次發酵
溫度28℃・濕度80%　90分鐘
按壓排除空氣
溫度28℃・濕度80%　90分鐘

分割
320g

中間發酵
溫度28℃　30分鐘

成形
整成長條形

最終發酵
溫度28℃・濕度80%　90分鐘

烘烤
割紋1條
前蒸氣1次、後蒸氣2次
上火240℃・下火240℃　40分鐘

配方
Terroir（日清製粉） 76%
Artisan（大陽製粉） 10%
Vanguard Land（鳥越製粉） ... 14%
鹽（Sel Boulangerie ） 2.3%
魯邦種（用裸粉培養） 30%
水 66%

工具
螺旋型攪拌機（愛工舍製作所）
層次烤爐（德國MIWE社）

法國鄉村麵包
400日圓

Les entremets de kunitachi

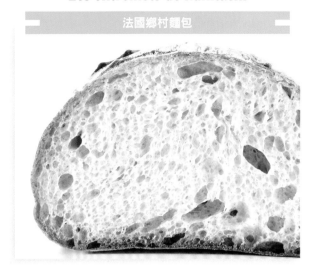

長時間的攪拌讓內層的口感更加柔軟

　　鮐澤師傅說這款麵包是「一定會擺在店頭的鄉村麵包」，而且它非常適合沾燉牛肉或馬賽魚湯等湯品料理細細品嘗。在法國，製作這款麵包時大多是用酵母發酵製成，但既然取名為鄉村麵包，那麼風味就應該跟這個名字一樣樸實無華，因此店裏只用天然酵母來發酵。鹽的用量與法國麵包一樣多，目的是為了將酵母的甘味與甜味提引出來。30年前學到的配方所烘烤出來的麵包口感較硬，因此稍微調整一下比例，讓口感進化到外層酥脆，但是內層鬆軟。

　　由於水分大幅增加，所以攪拌時間也特地延長，好讓麩質能夠完整形成。加上使用的是長時間發酵的麵種，熟成的甘甜滋味其實已經足夠，不過由於主麵團也是在常溫下經過一段較長的時間發酵，所以能夠烘烤出質地細膩、口感柔軟的鄉村麵包。

初種
低速5分鐘，中速5～6分鐘 攪拌完成溫度為26℃
一次發酵
溫度28℃　1小時30分鐘
分割
360g
中間發酵
溫度28℃　20分鐘
成形
整成長條形，放入發酵藤模裏
最終發酵
溫度28℃　1小時30分鐘
烘烤
割紋6條 溫度240℃　25～30分鐘

配方

Mont Blanc (第一製粉)	83.9%
T-170 (第一製粉)	16.1%
魯邦三號種	64.5%
粗鹽	2.1%
水	77.5%

工具
直立式攪拌機 (Hobart Japan)
層次烤爐 (Pavailler)

法國鄉村麵包
578日圓

BOULANGERIE ianak

圓醇的酸味與酥脆的口感讓麵包更加順口

　　這款麵包是為了第一次吃鄉村麵包的人而推出的「清淡版」。店面正好位在以前從未品嘗過鄉村麵包的人比較多的區域，因此店家的目標，就是烘烤出每個人都能接受、味道不會太酸、嚼起來也不會太硬、口感位於棍子麵包與鄉村麵包之間的鄉村麵包。

　　這種麵團只要經過低溫長時間發酵，味道就會變得更加香醇濃郁，但如此一來彈性也會增強，口感變得不夠酥脆，因此必須將麵團置於室溫下，使其膨脹至某個程度，好讓裏頭的氣孔不會太過密集。判斷的標準，就是麵團剛好膨脹至發酵藤模的最上方。此外，這種麵團還搭配了石臼研磨的高筋麵粉KJ-15，藉以增強酥脆的口感。

　　天然酵母不是平常用裸麥培養的酵母，而是專門用來製作鄉村麵包、以無花果培養的發酵種。這種酵母的發酵力不弱，比裸麥多了一種新鮮口感，風味更是香醇順口。

初種
1速1分30秒，2速6分鐘 攪拌完成溫度為24℃
一次發酵
溫度25～30℃　90分鐘 按壓排除空氣 溫度25～30℃　60分鐘
分割・成形
將800g的麵團輕輕滾圓，放入發酵藤模裏
最終發酵
溫度25～30℃　1小時 溫度5～7℃・濕度80%　15～20小時
烘烤
前蒸氣 上火250℃・下火230℃　40分鐘

配方

百合花法國粉 (日清製粉)	60%
Roggen Feld (日清製粉)	30%
KJ-15 (熊本製粉)	10%
天然酵母 (以無花果培養)	40%
粗鹽	2.7%
水	77.5%

工具
直立式攪拌機（愛工舍製作所）
層次烤爐（德國MIWE社）

法國鄉村麵包
860日圓

PANTECO

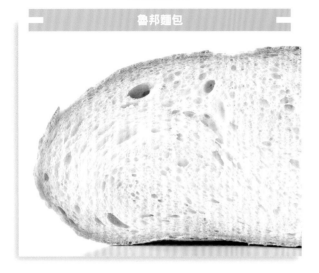

魯邦麵包

讓人深刻感受到自然界存在的麵團

不使用酵母，只用魯邦種（天然酵母）發酵、口味傳統的麵包。酵母還沒出現以前，所有麵包都是添加魯邦種來發酵，滾圓烘烤後即使變硬，依舊可以留下來繼續吃的保存食品。為了保留當時令人懷念的滋味，因此特地把麵包烤成水分不容易散失、十分碩大的圓形。麵包的風味與膨脹的程度每天都會隨著麵種的狀態而改變，強烈地讓人感受到麵包真的是屬於大自然的產物。起種使用的是表皮附有酵母的全麥麵粉、裸麥麵粉、葡萄乾、蘋果與李子，只要做成初種，繼續培養酵母的話，就能夠長久使用下去。魯邦種發酵的時間比酵母還要久，但卻可以享受到香甜滋味及來自乳酸菌的風味，而且保存期限長久。順帶一提，鄉村麵包是採用現代的材料與製法，將巴黎市民懷念不已、滋味樸素的鄉下麵包原有的傳統風味再次呈現在世人面前、算是比較新款的麵包。

攪拌

麵粉、水與麥芽精，以低速攪拌2分鐘
自我分解法進行15分鐘
加入魯邦種，稍微攪拌後加鹽，低速10分鐘
攪拌完成溫度為24℃

一次發酵

溫度26℃・濕度70%　1小時30分鐘

分割

900g

中間發酵

溫度28℃　30分鐘

成形

輕輕滾圓，放入撒上麵粉的柳製麵包模裏

最終發酵

溫度26～30℃・濕度75%　1小時30分鐘

烘烤

在上頭劃十字紋，邊緣各劃一條與十字紋成直角的橫線
讓烤爐充滿較多的水蒸氣
上火220℃、下火210℃烘烤40分鐘
關掉上、下火，燜15分鐘

配方
法國麵包專用粉PANTECO PB
（東京製粉）⋯⋯⋯⋯⋯⋯⋯100%
魯邦種⋯⋯⋯⋯⋯⋯⋯⋯⋯40%
鹽（沖繩島鹽Shimamasu）⋯⋯2%
麥芽精⋯⋯⋯⋯⋯⋯⋯⋯⋯0.1%
水⋯⋯⋯⋯⋯⋯⋯⋯⋯⋯⋯60%

工具
直立式攪拌機（NK）
層次烤爐（法國BONGARD）

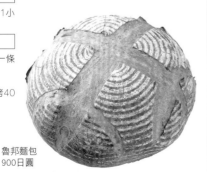

魯邦麵包
900日圓

Pain aux fous

魯邦麵包

充分烤透，享受風味深邃的外層

使用天然酵母做成的麵包美味會展現在外層上，因為酵母熟成之後所產生的複雜香味會讓外層更加芳香馥郁。麵團充分烤透之後，裏頭的水分與天然酵母的獨特發酵臭會整個散失，只要做出保留芳香與熟成韻味的外層，麵包整體的風味就會更加深邃濃郁。雖然很想重現在法國學到的風味，但是日本買不到那時候在法國使用的「semi-complet」這款混合了全粒粉的麵粉。在多次試用各式各樣不同的麵粉之後，結果終於找到非常接近在法國使用的那款麵粉，以及最理想的配方。江別製粉的石臼全麥麵粉魅力，就是擁有春豐這種小麥的高雅溫和芳香。風味沒有那麼獨特，但是卻能夠輕易地將其他食材的滋味襯托出來的Terroir，能夠突顯出春豐細膩的香氣。如果再加上魯邦種熟成的馥郁芳香，就能夠烘烤出濃醇的風味了。

攪拌

低速15分鐘
攪拌完成溫度為22℃

一次發酵

溫度28℃・濕度80%　1小時
按壓排除空氣
溫度28℃・濕度80%　1小時

分割

1200g

最終發酵

放在發酵藤模裏
溫度6～8℃　15小時

烘烤

割紋5條
前蒸氣1次、後蒸氣2次
上火240℃・下火250℃　10分鐘
上火調降至220℃・下火調降至220℃　40分鐘

配方
Terroir（日清製粉）⋯⋯⋯⋯50%
石臼全麥麵粉（江別製粉）⋯⋯50%
魯邦種（用小麥培養）⋯⋯⋯50%
鹽（Sel Boulangerie）⋯⋯⋯3.2%
水⋯⋯⋯⋯⋯⋯⋯⋯⋯⋯⋯66%

工具
直立式攪拌機（愛工舍製作所）
層次烤爐（德國MIWE社）

魯邦麵包
1200日圓

Bon Vivant

洛代夫麵包

透過加水的方式讓內含水分飽和到極限

　　前往法國訪問時，曾經到Gerard Meunier的麵包店觀摩麵包的製作過程，因而知道洛代夫這種麵包，並且為其半液體狀麵團充滿活力地在爐內膨脹的狀態感到驚訝萬分。因為深信日本人喜歡極為講究的Q彈口感，返日之後立刻動手試做。這是店裏最難做的麵包，直到現在依舊每天不停地研究。攪拌時間太短的話，麵團會無法順利膨脹；可是攪拌時間太久，麵團又會過於密實而無法烘烤出理想的口感。想要增加吸水量時，重點在於不要將水一口氣倒入，而是少量慢慢加入，讓麵團整個粘和。烤爐蒸氣太多的話，麵團會因為無法抗拒壓力而停止膨脹，因此蒸氣量控制在讓麵團表面出現光澤就好。這種麵團非常柔軟，一看就能夠看出魯邦種的好壞，因此製作時要特別小心留意。

攪拌
除了加水用的水，其餘材料1速3分鐘，2速5分鐘 加水，同時以1速攪拌2分鐘 加入所有的水之後，2速4分鐘 攪拌完成溫度為22℃

一次發酵
溫度27℃、濕度80%，發酵1小時 按壓排除空氣發酵1小時，相同步驟重複2次

分割
1000g 放入發酵藤模裏

最終發酵
溫度27℃・濕度80%　50分鐘～1小時

烘烤
前蒸氣、後蒸氣 上火260℃・下火260℃　10分鐘 上火240℃・下火240℃　35分鐘

配方

百合花法國粉（日清製粉）	75%
Eagle（日本製粉）	20%
Roggen Feld（日清製粉）	5%
即發乾酵母（Saf-instant）	0.2%
鹽（沖繩島鹽Shimamasu）	2.4%
魯邦種	30%
麥芽糖漿	0.2%
水	65%
加水用的水	15%

工具

直立式攪拌機（Eski Mixer）
層次烤爐 Camel（Kotobuki Baking Machine）

洛代夫麵包
700日圓

L'Atelier du pain

洛代夫麵包

利用高溫短時間烘烤來控制水分的蒸發

　　以先進們傳授的配方為基本，再加上自己的喜好烘烤而成的洛代夫麵團。使用全麥麵粉起種的魯邦種散發出一股適度的酸味與芳香，經過高溫短時間烘烤之後，外層顯得更加輕薄芬芳。為了提引出麵粉的風味，製作的前一天就要開始進行自我分解，重點就是要置於冰箱冷藏約20小時，讓酵素充分發揮作用。自我分解的時候，使用的是Suma Rera這款口感富有嚼勁、小麥原有風味馥郁、來自北海道的石臼研磨麵粉，以及容易揉和出分量、烘烤出酥脆口感的Grist Mill。麵團以魯邦種為基本，並且分兩個階段培養「初種」與「發酵種」，接著再搭配自我分解與專門用來製作法國麵包的Mont Blanc來揉和主麵團，此時水的分量要從剛開始的25%增加到最後的60%。短暫烘烤30分鐘的最大優點，就是能夠減少水分蒸發。

自我分解
溫度25℃，發酵2小時 溫度5℃，發酵24小時

初種
手工揉麵 溫度27℃、濕度75%，發酵8小時

發酵種
手工揉麵 溫度27℃、濕度75%，發酵2小時 溫度5℃，發酵12～16小時

攪拌
自我分解的麵團、發酵種、麵粉、鹽、酵母、25%的水，以2速攪拌3分鐘 一點一點地加入剩下的水，同時以2速攪拌5分鐘 攪拌完成溫度為25℃

一次發酵
溫度27℃・濕度75%　1小時 按壓排除空氣（使用刮板），溫度27℃、濕度75%發酵1小時 按壓排除空氣（三摺2次），溫度27℃、濕度75%發酵1小時

分割
1000g

最終發酵
放在發酵藤模裏，溫度25℃發酵30分鐘

烘烤
前蒸氣 上火270℃・下火240℃　30分鐘

配方

自我分解

Suma Rera（Agrisystem）	20%
Grist Mill（日本製粉）	30%
麥芽水	0.4%
水	50%

初種

Suma Rera（Agrisystem）	5.5%
魯邦種	1%
水	2.5%

發酵種

Suma Rera（Agrisystem）	13.5%
裸麥麵粉（鳥越製粉）	5%
初種	全部分量
水	10%
Mont Blanc（第一製粉）	50%
鹽（海鹽）	2.5%
即發乾酵母（Saf-instant）	0.25%
水	60%

工具

直立式攪拌機（愛工舍製作所）
層次烤爐Soleo（法國BONGARD）

洛代夫麵包
1260日圓

金麥

裸麥麵包

利用發酵麵來增添發酵力與風味

　　配方裏加了40%磨成中顆粒的裸麥全粒粉。利用中種法揉和主麵團時，可以添加發酵麵來補足酸味與風味，藉以縮短發酵的時間。這可不是老王賣瓜、自賣自誇的裸麥麵包，是利用會讓人不知不覺地感受到酸味與獨特芳香、非常容易食用的麵團，做出與棍子麵包相同的感覺、凡是吃過的人都會大力推薦的自信傑作。

　　原味的裸麥麵包可以做成三明治，屬於適合搭配各種食材，而且能襯托出美味的餐點麵包。相對於需要搭配奶油的棍子麵包，這款裸麥麵很適合沾橄欖油享用。

　　另外，以這種麵團為底，加入核桃與小葡萄乾做成的「葡萄乾麵包」適合搭配熟成起司；混合橙皮的「瓦倫西亞」則適合搭配新鮮起司。

中種
手工揉和
攪拌完成溫度為25℃
放在溫度5℃的冰箱裏冷藏1晚

攪拌
中種與其他材料以1速攪拌8分鐘，2速攪拌1分鐘

分割
200g

中間發酵
溫度25～26℃　40分鐘～1小時

成形
橄欖型

最終發酵
溫度28℃・濕度75%　40分鐘

烘烤
割紋1條
前蒸氣1.5秒、後蒸氣2秒
上火250℃・下火235℃　22分鐘

配方
中種
日清裸麥全粒粉（日清製粉）
‥‥‥‥‥‥‥‥‥‥‥40%
水‥‥‥‥‥‥‥‥‥‥40%
生種酵母（三共）‥‥‥0.5%
百合花法國粉（日清製粉）‥60%
發酵麵‥‥‥‥‥‥‥‥35%
鹽（伯方鹽）‥‥‥‥‥2%
麥芽糖漿‥‥‥‥‥‥‥0.5%
水‥‥‥‥‥‥‥‥‥‥30%
※發酵麵是放在冰箱發酵24小時的棍子麵包麵團

工具
直立式攪拌機（Eski Mixer）
烤爐（榮和製作所）

裸麥麵包
240日圓

Bäckerei Brotheim

特製裸麥麵包

芳香的葛縷子讓風味更加清爽

　　這款麵包是用製作麵包的人奉為聖經的《新しい製パン基礎知識》作者——竹谷光司30多年以前傳授的方法製成，屬於製法傳統的德國麵包，而且製作方式從當時到現在幾乎沒有什麼改變，孜孜不倦地傳承至今日。在酵母並不是那麼發達的時代，德國人會使用葛縷子來消除麵種的臭味。傳承了這項製法之後，麵團還添加了葛縷子的芳香，讓嘴裏的餘味爽口不膩，不僅能感受到雜糧的香醇風味，滋味也變得清爽且容易食用。一次發酵的時間如果太長，熟成一晚的酸麵種會變得過於柔軟，因此在進行一次發酵時，時間要盡量短一點以抑制麵團膨脹；到了最終發酵時就把時間拉長，將熟成的甘甜滋味提引出來。這種麵團麩質組織少，容易軟綿，烘烤時必須在烤爐裏加入大量水蒸氣，先將外層固定，做成支架，接著再慢慢地把內層烤熟。

酸麵種
麵粉與水，低速攪拌1分鐘
加入初種，低速攪拌1分鐘，中速攪拌2分鐘
攪拌完成溫度為28℃
溫度28℃，發酵16～18小時

攪拌
低速5～7分鐘
攪拌完成溫度為27～28℃

一次發酵
溫度27～28℃　10分鐘

分割
1000～1200g

中間發酵
溫度27～28℃　10～15分鐘

成形
長條形

最終發酵
溫度32℃・濕度75%　45～50分鐘
25分鐘後翻轉麵團
直接放在藤籃裏

烘烤
大量的前蒸氣、後蒸氣
上火260℃・下火260℃　7分鐘
打開風門與烤爐門3分鐘
上火調降至220℃・下火調降至220℃　30～40分鐘

配方
酸麵種
日清裸麥麵粉（日清製粉）
‥‥‥‥‥‥‥‥‥‥‥20%
初種‥‥‥‥‥‥‥‥‥0.5%
水‥‥‥‥‥‥‥‥‥‥20%
百合花法國粉（日清製粉）‥60%
日清裸麥麵粉（日清製粉）‥20%
半乾酵母（Saf Semi-dry）‥1%
鹽‥‥‥‥‥‥‥‥‥‥2%
葛縷子‥‥‥‥‥‥‥‥0.2%
水‥‥‥‥‥‥‥‥‥‥58%

工具
直立式攪拌機（Eski Mixer）
層次烤爐（德國MIWE社）

特製裸麥麵包
大　900日圓
1/2　460日圓
1/4　235日圓

Pain aux fous

利用中種法來活化魯邦種

　　使用的是100%的裸麥。風味濃郁，酸味特別，簡直就是為喜歡裸麥麵包的人而製作。這款麵包香味馥郁，沒有雜味，目的就是希望能夠做出順口好吃的滋味。放置2至3天後風味會更加濃厚。這款麵包非常適合搭配帶有酸味的食材，最值得推薦的，就是檸檬口味的魚貝類。裏頭只用魯邦種發酵，因此和普通麵包相比，更需要藉助酵母的發酵力。採用的是中種法，藉由兩個階段的發酵讓酵母發揮作用，接著再以低溫長時間發酵讓麵團熟成，如此一來不只發酵力，風味也會變得更加深邃。只要將攪拌完成的30℃麵團放在28℃的地方發酵，酵母就會變得活絡。想要攪拌出溫度理想的麵團，在製作中種時須加入80℃的熱水；可是水溫一旦超過60℃，酵母即會死亡，因此在製作時，必須等溫度降到60℃以下之後再添加魯邦種。

中種
除了魯邦種，其餘材料以攪拌器的低速攪拌5分鐘 溫度降到60℃以下時，加入魯邦種，低速攪拌3分鐘 溫度28℃、濕度80%，發酵90分鐘

攪拌
除了中種，其餘材料低速3分鐘 加入中種，低速5分鐘 攪拌完成溫度為30℃

一次發酵
溫度28℃・濕度80%　1小時

分割
400g

最終發酵
放入發酵藤模裏 溫度28℃・濕度80%　1小時

烘烤
前蒸氣1次、後蒸氣3次 上火240℃・下火240℃　1分鐘 上火200℃・下火200℃　30～40分鐘

配方

中種

ヴァンガーラント（Vuangaranto） （鳥越製粉）	33%
鹽（Sel Boulangerie）	1%
80℃的熱水	26%
魯邦種（用裸麥培養）	40%
ヴァンガーラント（鳥越製粉）	67%
鹽（Sel Boulangerie）	1.4%
60℃的熱水	60%

工具
直立式攪拌機（愛工舍製作所）
層次烤爐（德國MIWE社）

裸麥麵包
460日圓

---

nukumuku

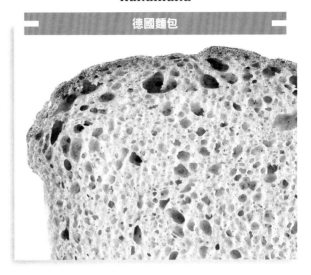

利用酸麵種之力，讓麵包可保存超過一個月

　　陳列在店裏、六日限定推出、利用自家製酵母做成的裸麥麵包。沒有酸味，口感濕潤而且入口即溶，放得越久，風味就會越加濃郁。第一週的時候味道會整個濃縮，放在冰箱裏3至4周的話，風味會變得更加獨特。

　　這款麵包算是吸水量相當多的德國麵包，加上使用的酸麵種還處於前一天的發酵狀態，所以能夠保持柔軟。酸麵種的發酵力非常微弱，必須添加酵母來提升麵團攪拌完成的溫度。只不過一旦加入酵母，且發酵時間又太長的話，麵團就會過於膨脹，因此必須在短時間內完成。

　　這種麵團不容易烤熟，故烘烤時必須特別小心留意。首先要用高溫一口氣讓麵團在爐內膨脹，接著再急速降溫並釋放裏頭的蒸氣。只要採用乾燥的烘烤方式，就能夠烤出內層濕潤，外層酥脆的口感了。

事前準備
裸麥片浸泡在33%的熱水裏一晚

攪拌
生種酵母裏加入相同分量的水（分量外）並攪拌至溶解 裸麥片加入一半分量的水混合 鹽、焦糖、一半分量的水倒入攪拌機裏攪至溶解後，加入裸麥片混合 依序加入麵粉、酸麵種與生種酵母，1速攪拌3分鐘，2速攪拌1分～1分30秒 攪拌完成溫度為38～40℃

分割
650g

成形
整成圓筒形，放入8cmx18cm、高8cm的土司模裏

最終發酵
表面撒上裸麥麵粉 溫度28～30℃・濕度80～85% 發酵20分鐘 再次撒上裸麥麵粉，發酵70分鐘

烘烤
上火270℃、下火250℃，分數次讓裏頭的水蒸氣充滿至極限，烘烤10分鐘 風門與烤爐門打開8分鐘 關上風門與烤爐門，關掉電源5分鐘 以上火240℃、下火250℃烘烤40分鐘

配方

裸麥片（富澤商店）	26%
Mont Blanc（第一製粉）	20%
ヴァンガーラント（Vuangaranto） （鳥越製粉）	15%
BH15（熊本製粉）	10%
生種酵母（東方酵母工業）	1.5%
酸麵種	55%
鹽（guérunde鹽花）	2%
焦糖	2.7%
水	35%

工具
直立式攪拌機（愛工舍製作所）
層次烤爐（法國BONGARD）

德國麵包
700日圓

Cupido!

裸麥麵包

利用鄉村麵包的製法孕育出裸麥原有的風味

　　為了尋求「適合搭配法國料理的裸麥麵包」，因而捨棄德國麵包，改以法國鄉村麵包的製法為根基做成這款麵包。麵團使用了100%的裸麥麵粉，少許的酵母以及長時間的發酵將裸麥原有的複雜風味完全提引出來。不管是酵母、水量、溫度，還是時間，都必須經過審慎的計算，否則無法烤出成功的麵包，可見這是一種非常纖細的麵團。

　　這個需要在常溫底下長時間發酵的麵團固然耗工費時，但也因為如此，口感才會如此柔軟，將麵粉擁有的風味毫不保留地呈現出來。然而掌握發酵的狀態並不容易，而最佳的發酵狀態，就是比麵包做成的麵包麵團再硬一些。麵粉的配方，是比例相同、用石臼研磨的Haide與法國生產的Seigle Type130，特色為擁有比德國產麵粉還要野性奔放的芳香，讓裸麥的風味更加濃厚。

攪拌
1速4分鐘 攪拌完成溫度為20℃

一次發酵
溫度23℃・濕度70%　16小時

分割・成形
1kg，30cm～35cm的長條形

最終發酵
放入發酵藤模裏 溫度25℃左右　15～20分鐘

烘烤
割紋7條 放入上火240℃、下火230℃的烤爐裏，先讓裏頭充滿1分鐘的蒸氣，接著再次填滿蒸氣1分鐘打開風門2分鐘，再把風門關起來燜30分鐘

配方
Seigle Type130 (奧本製粉) ───── 50%
Heide (大陽製粉) ───────── 50%
酸麵種 ──────────────── 3.5%
鹽 (洛林岩鹽) ───────────── 2.1%
水 ─────────────────── 68%

工具
直立式攪拌機　螺旋勾攪拌頭
(Eski Mixer)
石窯烤爐 (Tsuji Kikai)

裸麥麵包
100g 150日圓

PANTECO

裸麥麵包

利用裸麥酸麵團來揉麵，用大量蒸氣烘焙

　　使用的是磨成細顆粒的裸麥麵粉，只要酸味稍微控制，就能夠烘烤出人人都能入口、適合搭配各種美食的餐點麵包。裸麥與小麥的比率為4比6。配方中使用了以裸麥麵粉發酵的裸麥酸麵種，因此不但可以品嘗到裸麥原有的風味，還能提高麵包的保存性。一次發酵的時候稍微控制時間，到了最終發酵時則拉長到45分鐘。由於裸麥中的麩質含量較少，因此烘烤時必須用大火一口氣將麵團烤至膨脹。不過裸麥非常容易烤出顏色，所以放入烤爐之後必須立刻將溫度調降，維持爐內的溫度烘烤40分鐘，這樣就能夠烤出口感扎實的外層了。此外，麵團在放入烤爐時，裏頭必須充滿大量蒸氣，使其沾滿麵包表面，好讓麵團的麩質軟化；接著再打開風口，排出多餘的蒸氣，一旦烤爐內的氣壓下降，麵團就會更容易膨脹。

攪拌
除了奶油，其餘材料低速4分鐘 加入奶油，低速3分鐘 攪拌完成溫度為25℃

一次發酵
溫度28℃　30分鐘

分割
300g

中間發酵
溫度28℃　20分鐘

成形
整成35cm長的棒狀，麵團盡量不要太過密實

最終發酵
溫度27～30℃・濕度70%　45分鐘

烘烤
在麵團表面戳出小孔 放入上火與下火均設定230℃，裏頭充滿大量水蒸氣的烤爐，接著立刻將溫度調降至200℃，烘烤40分鐘

配方
PC-4 (東京製粉) ──────── 100%
裸麥酸麵種 ───────────── 160%
即發乾酵母 (Saf-instant) ──── 1.6%
生種酵母 (東方酵母工業) ─── 1.6%
鹽 (沖繩島鹽Shimamasu) ──── 4%
麥芽精 ──────────────── 0.8%
法國麵包麵團 (前一天做好的麵團)
放在冰箱裏冷藏12小時) ───── 24%
無鹽奶油 ────────────── 4.8%
水 ─────────────────── 32%

工具
直立式攪拌機 (NK)
層次烤爐 (法國BONGARD)

圓柱裸麥麵包
320日圓

patisserie Paris S'eveille

俄羅斯麵包

Q彈之中帶有酥脆口感的獨特嚼勁

　　這款取名為俄羅斯的麵包屬於顏色深濃、表層閃亮的裸麥麵包，是於法國修業時期在德國師傅經營的麵包店裏學到的。使用的雖然是日本的材料，但是所有配方都經過調整，只為了重現那股強烈的酸味、越嚼越有味的麵粉香氣，以及俄羅斯麵包特有的嚼勁。為了加強麵團的粘和力，重點就是配方中要添加麩質強的山茶花高筋麵粉，以及前一天的麵包粉。使用酸麵種的德國麵包口感雖然偏實乾透，但是只要加入麵包粉並且用水泡開的話，就可以一口氣大幅提升濕潤感。此處使用了粗顆粒與細顆粒這兩種裸麥麵粉，是希望口感能夠更有變化。使用的酸麵種是徹底管理、沒有特殊味道，非常適合搭配裸麥芳香、酸味清爽的麵種。這款麵包有股獨特又強烈的風味，就算只沾奶油也非常美味，亦非常適合搭配風味香濃的餡餅法國派（Pate）。

攪拌
水、酵母與酸麵種混合攪散 加入麵包粉，放置3分鐘使其泡開 加入麵包粉與鹽，1速攪拌2分鐘， 2速攪拌2分鐘 攪拌完成溫度為24～25℃

一次發酵
溫度27℃・濕度75%　10分鐘

分割
465g

最終發酵
放入發酵藤模裏 溫度27℃・濕度75%　40分鐘

烘烤
烤爐裏填入大量前蒸氣與後蒸氣 將麵團放在矽利康烤盤布上，上 火250℃・下火230℃烘烤20分鐘 前後換邊，繼續烘烤20分鐘

配方
山茶花高筋麵粉（日清製粉）	44%
日清裸麥全粒粉（粗顆粒） （日清製粉）	28%
日清裸麥全粒粉（細顆粒） （日清製粉）	28%
酸麵種	50%
即發乾酵母（Saf-instant）	1.5%
前一天的麵包粉	12.5%
鹽（天鹽）	2.5%
水	66%

工具
直立式攪拌機（愛工舍製作所）
層次烤爐（Pavailler）

俄羅斯麵包
500日圓

Katane Bakery

裸麥麵包

精心烤出口感不會讓人感覺到厚重的外層

　　據說法國人連裸麥麵包也非常要求清脆的口感。雖然是用石臼研磨的裸麥麵粉烤出風味扎實的麵包，品嘗起來卻是法國人喜歡的酥脆口感。這是一款健康又沒有奇特氣味、非常適合當做早餐的麵包。做出輕脆口感的要訣，就是將麵團烤成能夠讓人盡情享受的風味。只要將麵團塑成小塊以增加面積，並在上面劃上一條長長的割紋，裏頭的水分就會蒸發，而且把麵包烤得芳香無比。麵粉是使用石臼研磨而成的高筋麵粉Sun Stone，藉以增加麵團的分量，同時再搭配少量的橄欖油。如此一來，風味不但會變得更加芳香馥郁，提升保濕性，還可以減緩強勁的彈性，進而烘烤出酥脆口感。利用少量酵母讓麵團經過長時間的發酵，將熟成的甘甜與濕潤口感整個提引出來。而烘烤時間容易調整，只要有空就可以放入烤爐裏烘烤，也是冷藏發酵法的魅力。

攪拌
1速5分鐘，2速1分鐘 攪拌完成溫度為25～26℃

一次發酵
溫度25℃・濕度70%　1小時 按壓排除空氣，溫度27℃・濕度 70%　2小時30分鐘 溫度5℃　18小時

分割
將麵團置於室溫，回溫至20℃ 150g

中間發酵
溫度20℃・濕度70%　20分鐘

成形
橄欖型

最終發酵
溫度27℃・濕度70%　50分鐘

烘烤
中央劃1條割紋 前蒸氣 上火250℃・下火220℃　25～ 30分鐘

配方
Sun Stone（太陽製粉）	60%
Brocken（太陽製粉）	40%
魯邦種	10%
半乾酵母（Saf Semi-dry）	0.15%
特級初榨橄欖油	2.5%
水	75%

工具
直立式攪拌機（Eski Mixer）
層次烤爐（法國BONGARD）

裸麥麵包
200日圓

Les Cinq Sens

全麥麵包

居於棍子麵包與吐司之間的口感

　　最近即使是在法國，對於軟麵包的需求也日益高漲。這款外層酥脆，內層柔軟的麵包在法國當地也相當受歡迎。大量的魯邦種呈現出酸味濃厚、獨具特色的氣息，嚼得越久，就越能品嘗到全麥麵粉的風味。而使用的全麥麵粉，是香氣馥郁、石臼研磨的粗粒麵粉。

　　製法的基本概念與棍子麵包一樣，但由於裏頭添加了全麥麵粉，麵團很容易變得過度柔軟，所以必須添加麩質來增強硬度。加上這種麵團不易膨脹，因此當麵團粘和到某種程度之後，就必須用力地將裏頭的空氣壓除。塑整成大塊麵團時，必須多劃上幾條割紋而且割得深一點，這樣才能夠烘烤出理想的口感。如此一來，不但可以讓多餘的水分蒸發，需要保持濕潤的部分也能夠充分地保留水分。

攪拌
麵粉、麥芽糖漿、麵筋粉與水以低速攪拌3分鐘 自我分解法進行15分鐘～1小時 加入剩餘材料，低速攪拌5分鐘，中速攪拌3分鐘 攪拌完成溫度為22～24℃

一次發酵
溫度27℃、濕度50%，發酵30分鐘 按壓排除空氣之後發酵30分鐘，相同步驟重複3次

分割
400g

中間發酵
溫度27℃‧濕度50%　40分鐘

成形
整成長條形

最終發酵
溫度28℃‧濕度50%　1小時30分鐘

烘烤
割紋10條 前蒸氣 上火230℃‧下火220℃　27分鐘 打開風門6分鐘

配方

TYPE ER（江別製粉）	60%
全麥麵粉（江別製粉）	40%
生種酵母（麒麟協和食品）	0.5%
鹽（guérunde鹽花）	2.3%
麥芽糖漿	1%
麵筋粉	1.5%
魯邦種	33%
老麵	40%
水	67%

※老麵使用的是特地揉和的麵團

工具

直立式攪拌機（愛工舍製作所）
熔岩烤爐（櫛澤電機製作所）

全麥麵包
320日圓

nemo Bakery & Cafe

全麥麵包

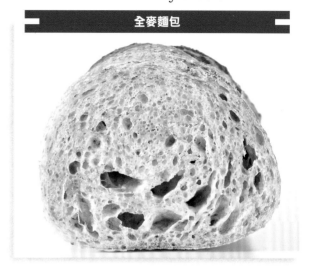

只靠老麵所含的微量酵母讓麵團膨脹

　　搭配磨成粗粒的裸麥麵粉，善加利用全麥麵粉的酸味與口感，同時增添一股屬於野性的芳香，烘烤出只要搭配肉類料理，風味就會變得更加濃厚的餐點麵包。這款麵包的魅力在於雜味深濃強烈，非常適合搭配生紅肉等風味濃縮的食材。烤出Q彈內層的重點是在液體狀的中種裏加入老麵，並置於常溫下長時間發酵。只要花費一段時間培養酵母，即使裏頭的酵母量不多，依舊能夠充分發揮發酵力，並且慢慢地在爐內膨脹。此外，全麥麵粉與裸麥麵粉一旦長時間浸泡在水裏就會變得柔軟。這麼做的好處，就是麵包體容易咀嚼又順口。攪拌的時間盡量減到極限，利用壓除空氣這個步驟讓麵團粘和，只要烘烤出酥脆的外層，即能與內層的口感形成對比，讓麵包的風味芳香出色。老麵裏添加了含有大量乳酸的棍子麵包麵團，目的是為了讓酸味更加圓醇。

中種
用手揉和 溫度30℃、濕度45%，發酵16小時

攪拌
1速6分鐘 攪拌完成溫度為26℃

一次發酵
溫度30℃‧濕度45%　1小時 按壓排除空氣 溫度30℃‧濕度45%　30分鐘

分割
300g

中間發酵
溫度30℃‧濕度45%　20分鐘

成形
整成20cm長的長條形

最終發酵
溫度28℃‧濕度70%　40分鐘

烘烤
割紋5條 後蒸氣 上火250℃‧下火250℃ 20分鐘

配方

中種
PM2（瀨古製粉）	15%
粗粒全麥麵粉（日清製粉）	
	25%
棍子麵包的老麵	30%
水	40%
HS-1（瀨古製粉）	60%
鹽（蒙古鹽）	2.2%
水	27%

工具

直立式攪拌機 Mighty（愛工舍製作所）
層次烤爐（Tokyo Kotobuki Industry）

全麥麵包
250日圓

Pain aux fous

全麥麵包

使用日本國產麵粉，追求樸實風味

　　法國人在開始休長假之前，這款麵包可是非常熱門的減肥食品，因此麵包店一定會提供。只可惜裏頭使用的是100%的全麥麵粉，很多人因為它所散發的獨特氣味而敬而遠之。為此，這款麵包使用的是具有高雅芳香與馥郁風味的全麥麵粉，保留了高營養價值，並烘烤出清爽順口的氣息。而麵團是置於低溫環境下慢慢熟成一晚，使其更加穩定，風味也變得圓醇豐腴。

　　由於全麥麵粉不容易產生麩質，因此添加了風味平順的棍子麵包老麵來增添麵團的粘和力。外層雖然有點硬，但是內層卻不會過於扎實，膨鬆柔軟，很容易咀嚼。這款麵包吃起來有如糙米飯一樣芳香無比，除了起司，也非常適合搭配日本料理中的滷煮菜，是荻原師傅為了迎合日本人的飲食生活特地發想製作出來的麵包。

攪拌
1速5分鐘，2速7分鐘 攪拌完成溫度為26℃

分割・成形
250g的長條形

發酵
溫度6～8℃，發酵15小時 放在溫度28℃的地方讓麵團回溫 至12℃

烘烤
割紋7條 前蒸氣1次、後蒸氣2次 以上火240℃、下火240℃烘烤 20分鐘

配方

石臼全麥麵粉（江別製粉）	100%
鹽（Sel Boulangerie）	2%
生種酵母（東方酵母工業）	0.6%
棍子麵包老麵	30%
水	66.6%

工具
直立式攪拌機（愛工舍製作所）
層次烤爐（德國MIWE社）

全麥麵包
300日圓

PANTECO

全麥麵包

透過酥脆的麵團品嘗全麥麵粉的甘甜滋味

　　使用泡在水裏自然發酵的粗粒全麥麵粉做成的白酸麵種烘烤而成的麵包。有些麵包店的麵種會經過3次發酵，不過這裏使用的是加了奶油、砂糖與牛奶做成的豐郁麵團，只要發酵2次，味道就會變得極為甘甜。這款麵包雖然因為麩質弱而不容易在爐內膨脹，但外皮卻非常酥脆，輕輕一咬，即能享受到輕脆的口感，很適合做為漢堡麵包。另外，塗上蛋液下鍋煎的話，則會變成軟麵包。製作時若刪除配方中的砂糖與牛奶，就會成為口感較硬的全麥麵包，風味也隨之變得簡單樸素。這款麵包別名黑麵包（Graham bread）。緣由來自19世紀前半，美國的葛蘭姆博士（Graham）發現全麥麵粉裏含有極高的營養素，因此提倡將餐桌上以精製麵粉做成的白麵包換成這款黑麵包（全麥麵包）。白麵粉與全麥麵粉的差異，就和白米與糙米的差別一樣，而風味也是以後者較濃郁。

攪拌
除了奶油與法國麵包麵團，其餘 材料低速攪拌3分鐘 醒麵15分鐘 加入法國麵包麵團，低速5分鐘 加入奶油，中速3分鐘 攪拌完成溫度為25℃

一次發酵
溫度28℃　60分鐘 按壓排除空氣 溫度28℃　90分鐘

分割
200g

中間發酵
溫度28℃　40分鐘

成形
整成35cm長的棒狀

最終發酵
溫度30℃・濕度80%　40分鐘

烘烤
在麵團表面戳出小孔 上火與下火均設定210℃，灌入 略多的水蒸氣烘烤25分鐘

配方

PC-4（東京製粉）	100%
白酸麵種	133%
即發乾酵母（Saf-instant）	1.3%
生種酵母（東方酵母工業）	1.3%
鹽（沖繩島鹽Shimamasu）	3.3%
麥芽精	0.1%
脫脂奶粉	6.6%
特級砂糖	6.6%
維他命C水溶液（0.5ppm）	0.05%
牛奶	33%
無鹽奶油	10%
法國麵包麵團（將前一天製作的 麵團放在冰箱冷藏12小時）	13.3%
水	1.3%

工具
直立式攪拌機（NK）
層次烤爐（法國BONGARD）

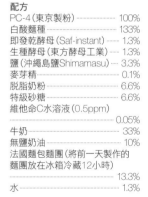

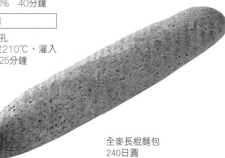

全麥長棍麵包
240日圓

Les Cinq Sens

法國雜糧麵包

柔軟樸素的法國雜糧麵包

開幕之際，陳列在店裏的唯一一種軟麵包就是這款。裏頭添加了烘過的白芝麻、黑芝麻、白罌粟、黑罌粟、燕麥與亞麻籽，可以盡情享受穀物與小麥的豐郁芳香。以法國麵包來看，這款麵包的酵母量較多，經過充分攪拌與壓除空氣之後，麵團內部充滿空氣，因此能夠烘烤出質地細膩又鬆軟的口感。只要切片放入麵包機裏烘烤，口感就會變得十分酥脆，而且穀物的芳香會更加濃郁。伊曼紐師傅最喜歡的麵粉TYPE ER香氣非常濃厚，只可惜裏頭的蛋白質含量不足。為此，他想到的方法就是添加麵筋粉。麵筋粉是從小麥中萃取出的麩質。如此一來，不但可以充分展現出TYPE ER本身的風味，還能夠產生與高筋麵粉相同分量的麩質，進而烘烤出非常接近法國麵包的雜糧麵包。

攪拌
低速3分鐘，中速3分鐘，高速3分鐘 攪拌完成溫度為26℃

一次發酵
溫度27℃·濕度50%　20分鐘 按壓排除空氣之後，再發酵20分鐘。相同步驟重複2次。

分割
100g

最終發酵
表面沾上雜糧 溫度28℃·濕度50%　1小時

烘烤
前蒸氣 上火240℃·下火230℃　10分鐘

配方
TYPE ER（江別製粉）	100%
生種酵母（東方酵母工業）	4%
鹽（guérunde鹽花）	2.3%
麥芽糖漿	1%
老麵	40%
麵筋粉	2%
烘過的雜糧	20%
水	70%

※老麵使用的是特地揉和的麵團

工具
直立式攪拌機（愛工舍製作所）
熔岩烤爐（櫛澤電機製作所）

法國雜糧麵包
450日圓

Bäckerei Brotheim

七穀雜糧麵包

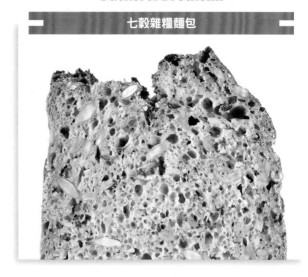

用熱水處理雜糧，藉以提高保水性

只要有穀物、鹽與酵母，就能夠烘烤出散發核桃芳香、直接享用一樣美味無比的麵團。這就是明石師傅構思製作出來的麵團。這款麵團是以加了裸麥片與全麥麵粉的德國麵包「全麥麵包」為基本，另外再添加芳香的雜糧。其中決定麵包口感的是亞麻籽。只要一注入熱水，就會產生宛如勾芡般的濃稠，大幅增加麵團的濕潤感。另外，裸麥麵粉、全麥麵粉與燕麥也全都經過熱水處理，讓材料糊化，營造一個容易產生糖的環境，藉以提引出自然的甜味。這個水分超過100%的麵團雖然非常濃稠，但萬一攪拌得太久，反而無法烤出漂亮的裸麥麵包，因此只要適度攪拌即可，接著再用刮板撈起，填入模具裏，如此一來不但可以提升製作效率，加上是放入模具裏烘烤，因此整體的口感會非常濕潤。

酸麵種
以低速至少攪拌5分鐘 攪拌完成溫度為26～27℃ 溫度27℃、濕度70%，發酵15～17小時

前處理①
麵粉、熱水與鹽混合之後放置3小時（盡量不要讓材料變乾）

前處理②
亞麻籽與熱水混合之後至少放置3小時（盡量不要讓材料變乾）

攪拌
將酸麵種、麵粉、酵母、鹽、水，與前處理①以低速攪拌3分鐘，中速攪拌2分鐘 加入前處理②，中速攪拌3～5分鐘。加入A，中速攪拌2～5分鐘

中間發酵
溫度27～28℃　5分鐘

分割
用刮板撈起麵團，將890g的麵團放入1250cc的模具裏（麵團比容積為1.4）

最終發酵
溫度27℃·濕度70%　45～50分鐘 表面撒上一層薄薄的裸麥麵粉

烘烤
前蒸氣1次、後蒸氣1次 上火210℃、下火260℃　50分鐘

配方
酸麵種
Heide（大陽製粉）	25%
初種	0.7%
水	20%
Heide	45%
百合花法國粉	30%
生種酵母（東方酵母工業）	1.2%
鹽	2%
水	58%

前處理①
裸麥片（日清製粉）	18%
粗粒全麥麵粉（日清製粉）	17%
燕麥（日食）	10%
熱水	45%

前處理②
亞麻籽	10%
熱水	35%

A
葵花籽	15%
南瓜籽	15%
白芝麻	15%

工具
直立式攪拌機（Eski Mixer）
層次烤爐（德國MIWE社）

七穀雜糧麵包
1條　1120日圓
1/2條　570日圓

Bon Vivant

波爾多法國田園麵包

添加裸麥，利用短時間製法烤得輕盈酥脆

　　從提瑞墨尼耶（Thierry Meunier）這位麵包大師傳授的配方當中得到靈感，並且改良成為獨家配方。之所以取名為波爾多，原因在於這個地方是裸麥的產地。目標就是以裸麥為配方，進而做出另一項適合搭配紅葡萄酒、風味深邃的特產。一般來說，使用百合花法國粉做成的麵團通常需要經過6小時的發酵，不過這裏頭已經有了足夠的裸麥香，另外還添加了魯邦種來補足熟成的甘甜滋味，因此麵團不需再經過長時間的發酵。這裏使用的是乾酵母，藉由短時間的發酵做出輕盈的口感。由於麵團已經充分攪拌，因此不需太過頻繁地壓除空氣，而最大的好處，就是魯邦種與PH值都非常穩定，不必繃緊神經隨時注意。這款麵團不但能在短時間內完成，還能做成甜麵包，可以發展的口味變化非常多樣，相當實用。

攪拌
除了加水用的水，其餘材料1速攪拌3分鐘，2速攪拌3分鐘 以2速攪拌4分鐘並加水 倒入所有的水後以3速攪拌3分鐘 攪拌完成溫度為22℃

一次發酵
溫度27℃・濕度80%　50分鐘 按壓排除空氣 溫度27℃・濕度80%　20分鐘

分割
250g

最終發酵
溫度27℃・濕度80%　40〜50分鐘

烘烤
前蒸氣、後蒸氣 上火240℃・下火240℃ 25〜30分鐘

配方
百合花法國粉（日清製粉）⋯⋯ 75%
日清裸麥全粒粉（日清製粉）
　⋯⋯ 25%
即發乾酵母（Saf-instant）⋯⋯ 1%
魯邦種 ⋯⋯ 25%
鹽（沖繩島鹽Shimamasu）⋯⋯ 2%
水 ⋯⋯ 60%
加水用的水 ⋯⋯ 12%

工具
直立式攪拌機（Eski Mixer）
層次烤爐 Camel（Kotobuki Backing Machine）

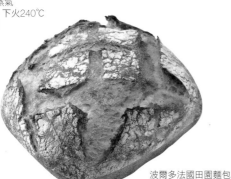

波爾多法國田園麵包
250日圓

L'Atelier du pain

法國田園麵包

口感柔軟，毫不保留地提引出麵粉的風味

　　外層略薄，雖然屬於硬麵包，卻可以品嘗到柔軟的口感與豐富的麵粉風味，堪稱最理想的成品。這款麵團使用了45%的石臼研磨麵粉，並且將攪拌控制在最底限，只要材料攪拌均勻即壓除裏頭的空氣，讓麵團產生麩質，揉和出心目中理想的麵團。經過低溫長時間的發酵讓酵素發揮最大的作用，接著再移至25℃的地方讓酵母活化，略過成形這個步驟，將麵團分切成四角形，然後直接送入烤爐裏烘烤。除了適合做成三明治的原味口味，在麵團裏添加其他配料的口味亦深受顧客喜愛，像是雙色橄欖、蜜汁地瓜與雙色芝麻、番茄乾與新鮮羅勒葉，這三種麵包的麵團在混合材料的時候，會加入少量不會讓人察覺到麵團有股甜味的糖漿。如此一來，不但口感會變得比較柔軟，吃起來也比較順口，當作紅葡萄酒的下酒菜更是美味且大受好評。

攪拌
1速3分鐘 攪拌完成溫度在18℃以下

一次發酵
溫度25℃　20分鐘 每20分鐘壓除空氣1次（用刮板），重複3次 溫度5℃　18〜24小時 溫度25℃・濕度75%　6小時 按壓排除空氣（二摺、三摺各1次） 溫度25℃發酵15分鐘，上下翻面後再發酵15分鐘

分割
大250g、小80g

最終發酵
溫度25℃・濕度75%　30分鐘

烘烤
前蒸氣 上火265℃、下火230℃ 大的19分鐘、小的17分鐘

配方
Mont Blanc（第一製粉）⋯⋯ 55%
Sumu Rera（Agrisystem）⋯⋯ 20%
Grist Mil（日本製粉）⋯⋯ 25%
即發乾酵母（Saf-instant）⋯⋯ 0.16%
鹽（海鹽）⋯⋯ 2.3%
麥芽水 ⋯⋯ 0.6%
水 ⋯⋯ 83%

工具
直立式攪拌機（愛工舍製作所）
層次烤爐（法國BONGARD）

法國田園麵包 大
315日圓

Katane Bakery

拖鞋麵包

雪白、膨鬆柔軟的法式拖鞋麵包

重現在法國嘗到的拖鞋麵包風味。特色就是烤出來的顏色不會太深，外觀雪白、口感柔嫩，經常用來做成三明治，據說有不少歐洲人就是因為喜歡這樣的味道所以才會購買。

在追求輕盈口感之際，為了讓吃的人能夠充分感受到橄欖油與麵粉的芳香，攪拌這個步驟會盡量控制在最底限，藉以保留香氣。透過自我分解讓材料能夠事先充分進行水和，接著再一點一點地將水倒入麵團裏。麵團吸收的水量變多，濕潤感也會跟著增加，與一口氣把水全部倒入相比，這麼做的好處，就是可以縮短攪拌的時間。另外，配方裏添加了10%的杜蘭小麥麵粉，不但讓這款麵包增添了一股酥脆口感，而且氣味更加芳香濃郁。接著還增加了魯邦種來彌補熟成的香味。麵團放入高溫之中，一口氣烘烤出輕盈酥脆的口感。

攪拌

麵粉與水自我分解1小時
加入魯邦種、酵母與鹽，1速攪拌3分鐘
在以2速攪拌3分鐘的過程中慢慢加水
在以2速攪拌3分鐘的過程中將橄欖油淋在麵團裏
攪拌完成溫度為24℃

一次發酵

溫度25℃・濕度70%　90分鐘
按壓排除空氣，溫度27℃・濕度70%　1小時
按壓排除空氣，溫度27℃・濕度70%　15～20分鐘

分割・成形

130g，切成10cmx6cm的大小

最終發酵

溫度27℃・濕度70%　50分鐘

烘烤

前蒸氣
上火260℃・下火250℃　10分鐘
上火調降至250℃・下火調降至230℃　15分鐘

配方

Classic（日本製粉）	90%
日清杜蘭小麥麵粉（日清製粉）	10%
半乾酵母（Saf Semi-dry）	0.3%
魯邦種	10%
鹽（伯方鹽・烤鹽）	2.3%
特級初榨橄欖油	10%
水	66%
加水用的水	5～8%

工具

直立式攪拌機（Eski Mixer）
層次烤爐（法國BONGARD）

拖鞋麵包
150日圓

Boulangerie Parisette

法國田園麵包

一邊刻意讓麵團含有空氣，一邊壓除空氣

將在法國修業時學到的棍子麵包製法中，「不斷重複壓除空氣與發酵」這個步驟應用在田園麵包上。這款不容易製作的麵團雖然需要高度技巧，但也因為如此，烤出的麵包格外濕潤。每個步驟都細心且慎重地進行就是成功的秘訣。

製作重點在於別讓麵團承受太大壓力，這樣裏頭才會產生大氣泡。此種麵團非常柔軟，若沒有重複壓除空氣，麵團無法粘和；但麵團太常接觸的話，裏頭的空氣又會散失，造成內層過於密實。因此壓除空氣時，必須將空氣包進麵團般進行，而且次數要盡量控制在最底限。麵粉方面添加了Ocean。這雖是2等級的麵粉，但香氣佳，很容易揉和出分量飽滿的麵團，而且水分多，堪稱品質優良，不過比例若太高，反而會讓麵包難以溶於嘴裏，因此要特別注意。

把麵包烤大一點固然能嘗到豐潤的口感，但這裏刻意做成能一次吃完的大小，好讓初次品嘗的人也能夠享受它的美味。

中種

低速攪拌5分鐘
攪拌完成溫度為20℃
溫度29℃，發酵12小時

攪拌

低速5分鐘
攪拌完成溫度為24℃

一次發酵

溫度29℃、濕度75%發酵10分鐘
按壓排除空氣，溫度29℃、濕度75%醒麵50分鐘。相同步驟重複3次。不過最後一次只要醒麵40分鐘即可
將麵團擀平，摺成三摺，溫度29℃、濕度75%發酵20分鐘

分割

100g

最終發酵

溫度29℃・濕度75%　20分鐘

烘烤

前蒸氣、後蒸氣
放入上火260℃、下火260℃的烤爐裏
立刻將上火調降至250℃、下火調降至240℃烘烤18分鐘

配方

中種
百合花法國粉（日清製粉）	40%
Sun Stone（大陽製粉）	10%
即發乾酵母（Saf-instant）	0.1%
水	30%
百合花法國粉（日清製粉）	20%
Ocean（日清製粉）	30%
天然酵母	5%
粗鹽	2.3%
麥芽糖漿	0.5%
水	50%

工具

螺旋型攪拌機（Kotobuki Baking Machine）
層次烤爐（Tokyo Kotobuki Industry）

法國田園麵包
120日圓

Bon Vivant

拖鞋麵包

善加利用杜蘭粗麥粉特有的香甜滋味

　　兒玉師傅的新作品。表面看起來非常堅硬，但是麵包體卻十分柔軟Q彈。光是用杜蘭粗麥粉的話，麵團非常不容易膨脹，因此麵團裏頭只使用了30％的杜蘭粗麥粉，其餘以百合花法國粉為主，這樣就足以讓人品嘗到粗麥粉應有的甘甜滋味。此款麵包非常適合搭配使用茄汁或青醬烹調的義大利料理。麵包店附近有不少義大利菜餐廳，這款拖鞋麵包打從一推出就深受眾人好評。由於粗麥粉屬於硬質麵粉，短時間內無法水和，因此必須透過低溫長時間發酵，好讓麵團慢慢粘和。這段期間粗麥粉還會進行熟成，讓其原有的甜味與嚼勁倍增。搭配上自家培養的魯邦種與星野天然酵母所帶來的相乘效果，不僅讓味道更加芳香，同時也充滿了一股獨特的柔軟口感。

攪拌

除了橄欖油與加水用的水，其餘材料低速3分鐘
2速1分鐘並一邊加水
低速3分鐘
加入橄欖油，低速4分鐘
高速30秒
攪拌完成溫度為24℃

一次發酵

溫度27℃‧濕度80%　30分鐘
按壓排除空氣
5℃　至少發酵10小時

分割

150g

最終發酵

撒上大量手粉
溫度27℃‧濕度80%　30分鐘

烘烤

前蒸氣、後蒸氣
上火240℃‧下火240℃　12分鐘

配方
百合花法國粉（日清製粉） ── 70%
日清杜蘭小麥麵粉（日清製粉）
　　　　　　　　　　　　　── 30%
魯邦種 ──────────── 5%
星野天然酵母麵包種 ───── 5%
鹽（沖繩島鹽Shimamasu） ── 2%
特級初榨橄欖油 ─────── 5%
水 ───────────── 66%
加水用的水 ───────── 6%

工具
螺旋型攪拌機（關東混合機工業）
層次烤爐 Camel（Kotobuki Backing Machine）

拖鞋麵包
180日圓

Les Cinq Sens

拖鞋麵包

利用波蘭法將麵包的輕盈程度提高至極限

　　這款麵包裏頭其實有九成是空氣，輕盈地令人震驚，而且還是一款外層酥脆、感覺有如吃氣泡般，擁有全新口感的拖鞋麵包。風味簡單，就算只沾橄欖油食用也相當美味，做成三明治的話，還能夠將蔬菜等味道清甜細膩的食材風味完全襯托出來。

　　這個麵團中添加了較多的生種酵母，重點在於利用波蘭法活絡酵母的活動力，接著再盡量拉長發酵時間，讓麵團膨脹到極限。但麵團要是變硬的話，會整個碎裂，因此在揉和的時候，必須要求可以承受酵母力量的延展性。加入大量的水，按壓排除空氣好幾次，讓麵團充分粘和，以便做出具有延展性的麵團。烘烤方面，最後要將風口打開，讓水蒸氣完全釋放出來，這樣就能夠烤出酥脆的外層了。

波蘭種

利用打蛋器將材料攪拌至完全沒有結塊為止
攪拌完成溫度為27～28℃

攪拌

除了橄欖油，其餘材料低速5分鐘，中速5分鐘
加入橄欖油，高速3分鐘
攪拌完成溫度為24℃

一次發酵

溫度27℃‧濕度50%　30分鐘
按壓排除空氣發酵30分鐘。相同步驟重複4次
不過最後一次壓除空氣時，只要發酵15分鐘就好

分割

80g

最終發酵

溫度28℃‧濕度50%　40分鐘

烘烤

前蒸氣
以上火230℃、下火220℃，直接放入烤爐烘烤6分鐘
打開風口5分鐘

配方
波蘭種
　TYPE ER（江別製粉）────── 21%
　生種酵母（麒麟協和食品）─── 2%
　麥芽糖漿 ────────── 1%
　水 ──────────── 20%
TYPE ER（江別製粉）────── 100%
鹽（guérunde鹽花）────── 2.4%
水 ────────────── 71%
特級初榨橄欖油 ─────── 2.6%

工具
直立式攪拌機（愛工舍製作所）
熔岩烤爐（櫛澤電機製作所）

拖鞋麵包
130日圓

L'Atelier du pain

利用自我分解來強調內層的美味

　　這款佛卡夏麵包非常容易讓人把焦點放在散發出一股橄欖油油分與芳香的外層上。其實這是一款適合品嘗內層美味的麵包。因此，配方中使用的是風味深厚的石臼研磨麵粉，在揉和麵團的前一天會先進行自我分解。只要放置在冰箱裏超過20小時，酵素就會充分發揮作用，進而將甘甜滋味提引出來。為了做出柔軟濕潤的口感，當中特地添加了少量的細砂糖。對於橄欖油的品質也非常堅持，使用的是特級初榨橄欖油。原味佛卡夏是附設的義大利餐廳「ぶどう酒食堂さくら」專用的麵包，店裏並沒有販售，只能買到在麵團裏添加了番茄乾與黑橄欖的「尼斯佛卡夏」。這款麵包雖然風味獨特，但卻十分柔軟順口，深受各個年齡層的人喜愛。

自我分解
攪拌完成溫度為25℃
溫度25℃發酵2小時
放入溫度5℃的冰箱發酵21小時

攪拌
1速3分鐘，2速2分鐘
攪拌完成溫度為24℃

一次發酵
溫度27℃・濕度75%　80分鐘
按壓排除空氣（三摺2次）
溫度27℃・濕度75%　20分鐘

分割
2000g（60cmx40cm的烤盤大小一片）。整成四角形，溫度27℃・濕度75%發酵30分鐘

成形
用擀麵棍擀平，放在已塗抹橄欖油的烤盤上，表面也塗抹橄欖油

最終發酵
溫度27℃・濕度75%　1小時

烘烤
用手指在表面壓出凹洞
上火250℃・下火230℃
18分鐘

配方

自我分解
Grist Mill（日本製粉）	50%
水	50%
Mont Blanc（第一製粉）	50%
即發乾酵母（Saf-instant）	0.6%
鹽（海鹽）	2%
麥芽水	0.6%
細砂糖	2%
水	25%

工具
直立式攪拌機（愛工舍製作所）
層次烤爐Soleo（法國BONGARD）

原味佛卡夏
（參考商品）

---

pointage

加入馬鈴薯泥，讓麵包保持濕潤口感

　　將可以提升麵團保濕效果的馬鈴薯泥加入佛卡夏麵包裏。先把乾燥的馬鈴薯浸泡在熱水裏，攪拌麵團的時候只要倒進去，口感就會變得非常有嚼勁，而且麵團也比較不容易乾燥。只是在配方簡單的麵團裏加入馬鈴薯，就可以感受到一股淡淡的洋芋香，風味也會變得更加深邃。為了突顯出馬鈴薯的香氣，使用的麵粉與橄欖油風味並不是那麼強烈，進而烘烤出簡單、應用範圍廣泛的餐點麵包。這款麵包非常容易搭配與馬鈴薯一起享用的食材，甚至還可以多加變化，添入乾燥迷迭香做成香草麵包，或是添加格魯耶爾起司。製作的時候如果一開始就加入馬鈴薯泥的話，風味會整個散失，因此必須等麵團攪拌至某個程度之後再添加。

中種
除了馬鈴薯泥，其餘材料1速2分鐘，2速2分鐘
加入馬鈴薯泥，1速2分鐘，2速2分鐘
攪拌完成溫度為25℃

一次發酵
溫度26℃　2小時
按壓排除空氣
溫度26℃　1小時

成形
擀成3cm厚，放在烤盤上

最終發酵
溫度28℃・濕度85%　1小時

烘烤
上火250℃・下火220℃　25分鐘
切成喜歡的大小

配方

Belle Moulin（奧本製粉）	100%
即發乾酵母（Saf-instant）	0.6%
鹽（沖繩島鹽Shimamasu）	2%
麥芽糖漿	0.3%
馬鈴薯泥	20%
細砂糖	3%
純橄欖油	3%
水	64%

工具
螺旋型攪拌機（德國BOKU社）
層次烤爐（德國MIWE社）

原味佛卡夏
220日圓

nemo Bakery & Cafe

普利亞麵包

100%使用杜蘭小麥、充滿嚼勁的餐點麵包

只用杜蘭粗麥粉做麵包的話，會變成什麼樣呢？實驗性地試著做做看，發現烤出來的麵包有一股獨特的Q彈口感。乍看之下會以為這是硬麵包，其實裏頭添加了全蛋與細砂糖，因此口感非常柔軟順口，風味和義大利麵一樣樸實，屬於適合搭配各種美食的萬能麵包。由於使用的原材料都一樣，所以非常適合搭配義大利麵，除此之外，切成厚片，做成布魯斯凱塔（Bruschetta）所呈現的嶄新口感亦相當有趣。

硬質的杜蘭粗麥粉會吸收大量水分，緊接著麵團會變得扎實。算好麵粉吸收水分的量，並減少攪拌的時間，成形的時候將麵團調整成最適當的硬度，即是關鍵所在。 只要把麵包烤至某種程度的大小，出爐之後就能夠拉長保溫的時間，讓內層處於燜燒狀態，這樣就能夠增加充滿嚼勁的口感了。

攪拌
1速3分鐘，2速4分鐘 攪拌完成溫度為27℃

一次發酵
溫度30℃・濕度45%　1小時 按壓排除空氣 溫度30℃・濕度45%　30分鐘

分割
300g

中間發酵
溫度30℃・濕度45%　20分鐘

成形
整成24cm長的長條形

最終發酵
溫度28℃・濕度75%　50分鐘

烘烤
割紋3條 後蒸氣 上火250℃・下火235℃ 15分鐘

配方

日清杜蘭小麥麵粉（日清製粉）	100%
即發乾酵母（Saf-instant）	0.8%
鹽（蒙古鹽）	1%
特級細砂糖（日東商事）	3%
全蛋	5%
水	75%

工具
直立式攪拌機 Mighty（愛工舍製作所）
層次烤爐（Tokyo Kotobuki Industry）

普利亞麵包
260日圓

麵包工房　風見雞

鹹味麵包

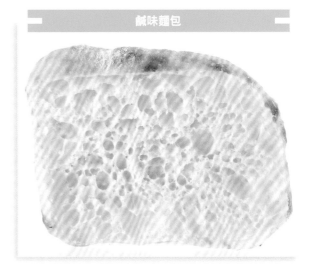

添加特色強烈的麵粉，追求理想的口感

將義大利的大型麵包，也就是義大利扁餅（Schiacciata）的堅硬外層稍微改良，讓Q彈的內層更加出色、出自福王寺師傅手下的獨創麵包。這款麵團綜合了生種酵母、中種與魯邦種，將酵母的甘甜整個濃縮在一起，烘烤出不論東西方料理，均能夠搭配各式美食的餐點麵包。

為了做出理想的口感，因而將各種不同類型的麵粉少量地混合在一起。穗鄉可以讓麵團膨脹；屬於烏龍麵粉的白金鶴延展力強，能夠制止發酵力較強的酵母，揉和出平順而且極為柔軟的麵團。澱粉質較多的黃金鶴口感充滿嚼勁；石臼研磨而成的麵粉T85則是強調酥脆的口感。顆粒較粗的麥創可以讓麵團散發出一股深厚的香味，用來提味的木薯粉能夠提高麵團的吸水率，讓烤出的麵包就算變冷，依舊能夠保持Q彈口感。

中種
中速攪拌2分鐘 攪拌完成溫度為22～23℃ 溫度30℃ 發酵6小時，或溫度22～23℃發酵16小時

攪拌
低速10分鐘並在中途加水 攪拌完成溫度，夏天21℃，冬天24℃

一次發酵
溫度30℃・濕度85%　90分鐘

分割
摺成120g的正方形

最終發酵
溫度23～24℃　60分鐘～70分鐘

成形・烘烤
麵團翻面放在烘焙紙上。 塗上特級初榨橄欖油，用手掌輕柔地將麵團壓成1.5cm厚。撒上岩鹽，噴上水霧同時壓成1cm厚 放入280℃的烤爐裏烘烤5分鐘 出爐之後再塗上薄薄一層橄欖油

配方

中種	50%
穗香（木田製粉）	50%
黃金鶴（星野物產）	50%
水	100%
生種酵母	10%
日曬鹽	2%
穗香（木田製粉）	25%
白金鶴（星野物產）	30%
黃金鶴（星野物產）	25%
北方之香T85（Agrisystem）	10%
麥創（瀨古製粉）	10%
魯邦種	15%
生種酵母	5%
岩鹽	2%
木薯粉	2%
水	60%以上

工具
螺旋型攪拌機（德國KEMPER）
石窯烤爐（Tayso）

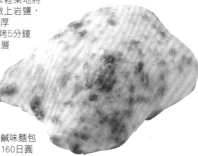

鹹味麵包
160日圓

貝果麵團

L'Atelier du pain

貝果麵包

內層麵包體扎實沉重，口感易嚼

在日本歷史淺短，沒有固定形狀，能夠輕鬆地展現出製作者想法的就是貝果。這是嘗遍各家評價甚高的專賣店販售的基本口味並細心研究，找尋到心目中的最佳貝果後，所設計出的獨家配方與製法。酵母的用量盡量減至極限，而且不添加砂糖，利用低溫長時間的發酵方式將麵粉的甘甜完全提引出來。內層雖然必須非常扎實，卻還是希望能夠做出飽滿沉重，但可以一口咬下，而不是硬到讓人咬不動的貝果。這款貝果的特色，在於下鍋水煮之後表面會出現一層膜，但只要一烘烤，外層就會變得十分酥脆並充滿光澤。原味貝果適合做成三明治，而且醬汁滲入的部分格外美味。其他口味方面，店內提供了巧克力柳橙、香鹹三穀（配料有罌粟籽、葵花籽、南瓜籽與鹽）、藍莓，以及抹茶大納言這四種。

攪拌	
1速3分鐘，2速2分鐘 攪拌完成溫度為26℃ 溫度25℃醒麵10分鐘	

分割
200g

成形
揉和成條狀，接著捲成圈狀，輕輕地將孔洞密合

低溫長時間發酵
溫度5℃　18小時

水煮‧烘烤
放入沸騰的熱水裏煮1分30秒之後，將水分瀝乾 上火260℃、下火200℃烘烤16分鐘

配方

3 Good（第一製粉）	50%
百合花法國粉（日清製粉）	40%
Grist Mill（日本製粉）	10%
即發乾酵母（Saf-instant）	0.13%
鹽（海鹽）	2%
麥芽水	2%
水	56%

工具

直立式攪拌機（愛工舍製作所）
層次烤爐（法國BONGARD）

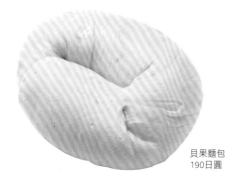

貝果麵包
190日圓

PANTECO

義式吐司棒

利用中種將橄欖油的芳香徹底散發出來

這款烤得非常堅硬的長條形麵包據說是誕生於十七世紀北義的都市——杜林。拿破崙非常喜歡吃這款麵包，連遠征時也隨身攜帶，因而廣為人知。在瑞士盧塞恩的Richemont製菓學校研修時，從義籍指導者那裏學到了配方。經過一番調整，在麵團裏放入略多香氣濃郁的初榨橄欖油，烘烤出口感比使用奶油還要清爽不膩、不容易受到固體油脂影響而產生氧化、只要密封，就可以保存長達兩個月的吐司棒。橄欖油的香氣非常容易揮發，故在製作主麵團時必須進行自我分解，省略一次發酵這個步驟，攪拌完成之後立刻分割、成形。從揉和到完成大約要一個小時，因此必須使用充分發酵與熟成的中種來增添甘味。市面上雖然常見大量的進口品，不過還是以現烤的吐司棒風味較獨特。

中種
低速攪拌6分鐘 攪拌完成溫度為24℃ 溫度24℃、濕度65～70%，發酵1小時30分鐘

攪拌
除了中種與鹽，其餘材料低速3分鐘 蓋上一層塑膠袋，自我分解15分鐘 加入中種與鹽，低速3分鐘，中速2分鐘 攪拌完成溫度為24℃

分割‧成形
立刻分割成10g 用手揉成長22cm，直徑6～7mm的條狀 放在烤盤上

最終發酵
溫度28℃‧濕度80%　30分鐘

烘烤
前蒸氣 以210℃烘烤10分鐘 調降至180℃烘烤3分鐘 將吐司棒烘乾到 取2根相互敲打時， 可以敲出清脆的聲音 為止

配方

中種

法國麵包專用粉PANTECO PB （東京製粉）	20%
Super Freesia（東京製粉）	13%
生種酵母（東方酵母工業）	2.7%
麥芽精	0.03%
水	17%
PC-4（東京製粉）	40%
Super Freesia（東京製粉）	27%
鹽（沖繩島鹽Shimamasu）	2.2%
特級初榨橄欖油	15%
特級砂糖	4%
水	27%

工具

直立式攪拌機（NK）
檯車烤爐

義式吐司棒10根
320日圓

麵包工房　風見雞

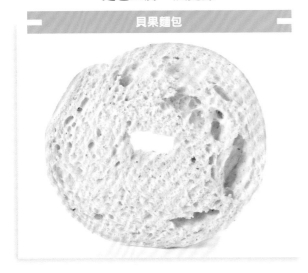

貝果麵包

用天然酵母做出充滿嚼勁又富彈性的麵團

　　傳統口味的貝果簡單扎實又容易飽腹，不過福王寺師傅做出的，卻是鬆軟Q彈，而且還帶有一股淡淡甜味的新式貝果。一開始是以貝果咖啡廳傳授的食譜製作，在追求嚼勁與濃郁芳香之際，出現了現在這個配方。

　　重點在於天然酵母。做為中種加入時，可以讓麵團的嚼勁頓時倍增，而且還能夠添加一股酵母的甘甜滋味。發酵的時候如果採用與一般麵包相同的方式，下鍋水煮時麵團反而會過於膨脹，因此必須縮短發酵時間。如此一來，不但可以增加中種的分量、提高發酵力，同時還能夠做出柔軟的口感。接著再利用湯種來補足麵粉的甜味與香味。另外還可以添加杏仁粉來提味，讓烤好的貝果更加香氣四溢。不過，直接加入杏仁粉的話會影響麵團發酵，必須先烤過再加。

中種
中速攪拌2分鐘 攪拌完成溫度為30℃，或22～23℃ 溫度30℃發酵6小時，或溫度22～23℃發酵16小時

湯種
依序將鹽、特級砂糖與麵粉倒入熱水裏，並用木杓攪拌至出現麩質，而且呈麻糬狀為止

攪拌
低速4分鐘，中速5分鐘 攪拌完成溫度為30℃

一次發酵
溫度23～24℃　20分鐘

分割
115g

中間發酵
溫度23～24℃　20分鐘

成形
做成直徑12cm的甜甜圈狀

最終發酵
溫度23～24℃　50分鐘～1小時

水煮・烘烤
兩面各煮15秒 放在鋪了烘焙紙的烤盤上，放入270℃的烤爐裏烘烤5～6分鐘 取出之後噴灑水霧， 蓋上鐵板蒸10～20分鐘

配方

十勝夢想混合麵粉（Agrisystem）	90%
全麥麵粉（高筋、江別製粉）	10%
生種酵母	4%
中種	70%
十勝夢想混合麵粉（Agrisystem）	100%
生種酵母	15%
日曬鹽	2%
特級砂糖	2%
水	100%
湯種	20%
サンク・ド・オテル（Sanku do oteru）（星野物産）	100%
日曬鹽	2%
特級砂糖	2%
熱水	200%
日曬鹽	2%
木薯粉	4%
烘過的杏仁粉	2%
特級砂糖	2%
水	12%

工具
直立式攪拌機Mighty
螺旋勾攪拌頭（愛工舍製作所）
石窯烤爐（Tayso）

原味貝果麵包
160日圓

39

BOULANGERIE ianak

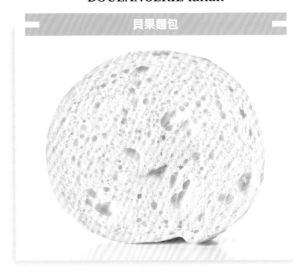

貝果麵包

只要記住訣竅，就能輕鬆又方便地製作

　　趁麵包店開幕這個契機試著挑戰的麵團。不強求鬆軟的口感，以富有嚼勁、內層甘甜、風味深邃的硬貝果為目標。

　　麵粉以北海道產的高筋麵粉TYPE ER為配方，希望做出Q彈的口感。加入蜂蜜，讓麵團增添一股濕潤感。下鍋水煮時麵團會充分吸收水分，因此本身的水量不需太多，加上內層非常扎實，在製作的過程當中非常好處理，是不必時時繃緊神經，就能夠輕鬆製作的方便麵團。只不過麵團實在是太硬，因此揉和材料的時候必須保持耐心。水煮時的鐵則，就是稍微裹上一層水即可，因為煮得太久的話，麵團表面會變皺，所以正反兩面各煮1分鐘就好。瀝乾水分之後即可烘烤，非常方便。只要在熱水裏添加一些蜂蜜，便能讓外層充滿光澤。

攪拌
1速1分30秒，3速5分鐘 攪拌完成溫度為23℃

一次發酵
溫度25～30℃　45分鐘

分割
100g

中間發酵
溫度25～30℃　30分鐘

成形
揉成直徑8cm的圓形，並在正中央開一個1cm的孔洞

最終發酵
溫度5～7℃・濕度80%　15～20小時

水煮・烘烤
在熱水裏加入4%的蜂蜜 煮沸之後放入麵團，正反兩面各煮1分鐘 瀝乾水分，以上火250℃、下火230℃烘烤13分鐘

配方

百合花法國粉（日清製粉）	50%
TYPE ER（江別製粉）	45%
日清裸麥全粒粉（日清製粉）	5%
生種酵母（東方酵母工業）	0.5%
魯邦種	15%
粗鹽	2.3%
蜂蜜	6%
水	56%

工具
直立式攪拌機（愛工舍製作所）
層次烤爐（德國MIWE社）

原味貝果麵包
150日圓

牛奶麵包麵團	蝴蝶餅麵團

Les entremets de kunitachi

維也納麵包

增加砂糖的用量，擴展應用範圍

在所有滋味較為豐潤的麵團當中，維也納算是奶油與雞蛋的用量較少，口味較為清淡的麵包，與布里歐麵包相比，比較適合平常食用。法國人經常把這款麵包當作餐點麵包，因此鹹味比較重；不過鯰澤師傅卻減少鹽分，增加砂糖，將它做成日本人熟悉的甜麵包口味，讓這款麵團大大地擴展了應用範圍，除了做成添加水果乾的法式甜麵包，波蘿麵包與紅豆麵包也能夠使用這種麵團來做。

不但能讓人同時享受到外層與內層的對比口感，內層的濕潤感更是與美味息息相關。只要將天然酵母長時間發酵做成麵種，就能夠發揮與中種相同的作用，使濕潤感得以持續下去。另外再加上熟成所帶來的甘甜滋味，讓這款麵包也能夠發揮調味料的角色。

攪拌
除了奶油，其餘材料低速3～4分鐘，中速7～8分鐘 加入常溫奶油（冬天呈髮油狀），中速5分鐘 攪拌完成溫度為25～26℃

一次發酵
溫度28℃　50～55分鐘 按壓排除空氣 溫度28℃　10～15分鐘

分割
115g

中間發酵
溫度28℃　10分鐘

成形
整成25～30cm長的棒狀

最終發酵
溫度28℃　50分鐘

烘烤
塗上全蛋打散的蛋液 用剪刀以夾的方式在上面剪出20條切痕 以180℃烘烤25～30分鐘

配方

Mont Blanc（第一製粉）	100%
生種酵母（東方酵母工業）	3.4%
魯邦3號種	25%
粗鹽	1.4%
細砂糖	12%
全蛋	25%
依思尼發酵奶油（Isigny）	23%
牛奶	56%

工具
直立式攪拌機（Hobart Japan）
層次烤爐（Pavailler）

維也納麵包
250日圓

nukumuku

蝴蝶餅

以做出讓人想拿來裝飾的美麗外形為目標

在德國修業時，心裏就決定這款麵包「一定要陳列在自己的麵包店裏」。配方中添加了裸麥，風味馥郁，而且還帶著一股香香鹹鹹的滋味，讓人忍不住想品嘗。這種麵團不需要發酵，冷凍可以保存一個禮拜，非常方便又出色。與儀師傅告訴我們「不管哪一種麵包，我都想要把它們烤得美美的，尤其是蝴蝶餅，因為我非常在意它的外形是否夠美麗」。麵團裏頭添加了豬油，因此延展性佳，容易成形，但是想把交叉繞圈的部分做得均衡美麗其實不容易，必須慎重進行才行。想要烤出美麗的蝴蝶餅，重點在於必須將麵團整個浸泡在蝴蝶餅溶液裏，使其充滿光澤。此時麵團如果沒有完全冷卻凝固的話，形狀就會扭曲。此外，為了避免麵團發酵，製作的時候必須使用冷水，而且攪拌完成的溫度要控制在低於11℃，這點非常重要。切痕等麵團整個解凍之後再劃，就能夠劃出美麗的線條。

中種
1速攪拌3分鐘，2速攪拌2分鐘 滾圓，溫度28℃左右發酵30分鐘 放在溫度5℃的冰箱裏一晚

攪拌
除了中種，其餘材料1速2分鐘 加入中種，1速2分鐘，2速8分鐘 攪拌完成溫度低於11℃

分割
80g 以溫度−20℃冷凍，需要使用時，取出要用的分量並提前一晚解凍

成形
塑成蝴蝶餅的形狀

冷卻
溫度−20℃冷凍至少12小時

浸泡在蝴蝶餅溶液裏
將20g的苛性蘇打倒入500g的水裏調成溶液，然後浸泡整個麵團10秒 放在溫度28℃左右的地方5～10分鐘，使其完全解凍

烘烤
在較粗的部分劃上1條刀痕 撒鹽 以上火240℃、下火200℃烘烤12～13分鐘 ※苛性蘇打具有強鹼性，千萬不可以徒手觸摸蝴蝶餅溶液

配方

中種
醍醐味（多田製粉）	10%
P陣場（多田製粉）	10%
Mont Blanc（第一製粉）	30%
即發乾酵母（Saf-instant）	0.25%
水	27%

主麵團
Mont Blanc（第一製粉）	30%
モナミ（Monami）（丸信製粉）	10%
ヴァンガーラント（Vuangaranto）（鳥越製粉）	10%
即發乾酵母（Saf-instant）	1%
麥芽水	2%
鹽（沖繩島鹽Shimamasu）	1.8%
豬油	7%
牛奶	10%
水	12%

工具
直立式攪拌機（愛工舍製作所）
層次烤爐（法國BONGARD）

蝴蝶餅
180日圓

金麥

牛奶麵包

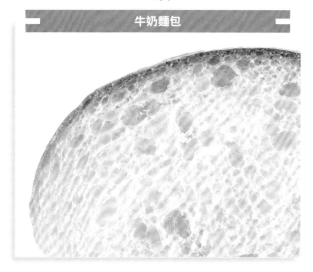

即使冷藏也不會變硬，依舊保持濕潤感

　　這是一款可以同時享受到膨鬆、柔軟、濕潤口感，以及乳製品風味的麵包。什麼都不用沾就已經相當美味，麵團甚至還可以用來製作卡士達奶油麵包或波羅麵包等甜麵包。這款麵包就算變冷也不會變硬，因此店內全年都冷藏販賣自家製卡士達奶油餡的奶油麵包，而且還建議大家冰過再吃。曾是伊藤師傅修業之地的東京大倉飯店雖然是用這款麵團做成奶油卷麵包，不過烤的時候，通常都先塗上一層蛋液，好讓表面出現薄膜，但這樣成品會變硬，反而破壞了原有的口感，因此成形的時候只要將麵團滾圓，不需塗上蛋液，相對地利用水蒸氣來製作輕薄細膩的外皮。若放入塑膠袋裏保存，隔天口感會變得更加濕潤。這並不是強調麵粉本身風味的麵包，不過使用的Oteru麵粉的滋味卻相當不錯，屬於容易與其他麵粉搭配的萬能高筋麵粉，讓師傅非常滿意。

攪拌
除了奶油，其餘材料1速5分鐘， 2速12分鐘 加入常溫奶油，以2速攪拌均勻 以3速攪拌30秒 攪拌完成溫度為26℃

一次發酵
溫度30℃・濕度75%　1小時 按壓排除空氣 溫度30℃・濕度75%　20分鐘

分割
35g

中間發酵
溫度25～26℃　25分鐘

成形
滾成圓形

最終發酵
溫度30℃・濕度75%　1小時

烘烤
前蒸氣1.5秒 上火250℃・下火230℃　6～7分鐘

配方

金帆船（Golden Yacht） （日本製粉）	40%
オテル（Oteru）（星野物產）	60%
生種酵母（三共）	2.5%
鹽（伯方鹽）	1.8%
紅糖	6%
全蛋	12%
牛奶	20%
煉乳	15%
無鹽奶油	12%
水	26%

工具

直立式攪拌機（Eski Mixer）
烤爐（榮和製作所）

牛奶麵包
60日圓

---

nemo Bakery & Cafe

維也納麵包

控制甜味，烤軟一點，以便做成三明治

　　利用維也納麵包做成三明治的好處，就是即使裏頭夾著水煮蛋或巧達起司等質地較為柔軟的食材，一口咬下的時候也不會碎裂。這款是特地用來製作三明治的餐點麵包，為了襯托出材料的細膩風味與口感，所以才把麵包烤得簡單又柔軟。只要加入濃縮牛乳，風味就會變得非常濕潤，可是這樣奶味偏重，因此必須挑選口感與風味均衡的牛奶。為了盡量減少麩質，讓口感更加豐潤，配方特地挑選所有高筋麵粉當中，蛋白質含量最少的S Ringu。略過按壓排除空氣的步驟，甚至攪拌也是控制在最底限。

　　在法國，用維也納麵包做成的三明治口感會比用棍子麵包來得豐富濕潤，連麵包店也在這款麵包中夾上瑪利波起司（Maribo Cheese）或煙燻牛肉，做出高級口感的三明治。

攪拌
除了奶油，其餘材料1速2分鐘， 2速3分鐘 加入常溫奶油，2速2分鐘，3速3分鐘 視麩質呈現的狀態，不夠的話再 以3速攪拌1分鐘 攪拌完成溫度為27℃

一次發酵
溫度30℃・濕度45%　1小時

分割
100g

中間發酵
溫度30℃・濕度45%　25分鐘

成形
整成18cm長 劃上21條切痕

最終發酵
溫度38℃・濕度80%　1小時

烘烤
塗抹全蛋6：蛋黃4打散的蛋液 前蒸氣、後蒸氣 以上火245℃、下火205℃烘烤 10分鐘

配方

Sリング（S Ringu）（瀨古製粉）	100%
即發乾酵母（Saf-instant）	1%
鹽（蒙古鹽）	2%
特級細砂糖（日東商事）	4%
無鹽奶油（明治乳業）	10%
牛奶（森永乳業）	72%

工具

直立式攪拌機 Mighty（愛工舍製作所）
層次烤爐（Tokyo Kotobuki Industry）

維也納麵包
140日圓

麵包工房　風見雞

奶油餐包

提高濕潤感，期望做出與紅豆泥融合的麵團

　　這款麵團是以改良紅豆麵包的口味為目的製作而成。過去紅豆麵包專用的麵團糖度太高，不好處理，不過這款奶油麵團的糖度較低，不僅非常容易製作，而且味道清爽不膩，現在已經廣泛用來製作卡士達奶油麵包、可可牛角麵包等等，只要是甜麵包，統統都能派上用場。

　　口感上最重要的，就是與紅豆泥的整體感。可以的話，盡量做出濕潤一點的口感，使麵包體能夠入口即溶。首先加入生種、魯邦種與蜂蜜，提高麵團本身的保水性，接著再加入大量中種，讓麵團更容易受熱，並且藉由高溫短時間的烘烤方式將水分封鎖在麵團裏。

　　透過蜂蜜、生種與瑪其琳（トスタール・Tosutaru）的效果，讓麵包就算放入冰箱裏也能夠保持濕潤感。到了夏天，店家還會建議客人先將紅豆麵包冰過再吃。

中種
中速攪拌2分鐘 攪拌完成溫度為30℃，或22～23℃ 溫度30℃發酵6小時，或溫度22～23℃發酵16小時

攪拌
除了奶油與Tosutaru，其餘材料低速4分鐘，中速1分鐘 加入常溫奶油與Tosutaru，低速2分鐘，中速4分鐘，低速2分鐘 攪拌完成溫度為28℃

一次發酵
溫度38℃・濕度90%　90分鐘

分割
55g

冷卻
溫度－10℃，至少冷卻12小時

成形
麵團回復室溫之後滾圓

最終發酵
溫度38℃・濕度90%　2小時

烘烤
表面乾燥後，塗上全蛋打散的蛋液，以上火280℃、下火210℃烘烤5～6分鐘

配方

十勝夢想混合麵粉（Agrisystem）
　　　　　　　　　　　　　　 100%
生種酵母　　　　　　　　　　 10%
魯邦種　　　　　　　　　　　　5%
中種　　　　　　　　　　　　 80%
　サンク・ド・オテル（Sanku do oteru）
　（星野物產）　　　　　　　 100%
　生種酵母　　　　　　　　　 12%
　日曬鹽　　　　　　　　　　　2%
　特級砂糖　　　　　　　　　　6%
　煉乳　　　　　　　　　　　　5%
　蜂蜜　　　　　　　　　　　　5%
　水　　　　　　　　　　　　 100%
日曬鹽　　　　　　　　　　　　2%
特級砂糖　　　　　　　　　　 11%
發酵奶油（幸運草乳業）　　　　8%
Tosutaru（不二製油）　　　　　8%
蜂蜜　　　　　　　　　　　　　3%
水　　　　　　　　　　　　　 38%

工具

直立式攪拌機 Mighty 螺旋勾攪拌頭（愛工舍製作所）
熔岩烤爐（櫛澤電機製作所）

原味奶油餐包
（參考商品）

nukumuku

奶油餐包

不管甜麵包或鹹麵包，都能廣泛運用的麵團

　　在nukumuku的麵包中，最柔軟的這款奶油餐包口感不僅非常濕潤，還有一股清爽不膩的滋味，屬於適合各種食材、可以靈活運用的麵團。除了甜麵包與鹹麵包，店裏還利用這種麵團做成炸甜甜圈。有了這種麵團，就不需花太多時間，只要下鍋稍微炸過，即能夠品嘗到略微Q彈的口感，這點也令人相當滿意。

　　想要做出濕潤鬆軟的口感，重點在於吸水量的多寡與砂糖的加法。有人說糖分一多，就會阻礙酵母活動，不過只要分成數次加入，不要加蛋白，就可以讓酵母發揮作用，甚至發酵力也能夠長久持續。另外再透過攪拌讓麩質好好粘和，即能做出鬆軟輕盈、入口即溶的口感。攪拌時間一長，攪拌完成的溫度也容易上升，因此麵粉與水必須事先放在冷凍庫裏充分冰鎮，這點非常重要。

攪拌
在麵粉裏加入脫脂奶粉、鹽、一半分量的細砂糖混合 酵母攪散後倒入其中，接著加入麥芽水、蛋黃與水，1速2分鐘，2速3分鐘，3速5分鐘 加入1/4分量的細砂糖與切碎的冰奶油，1速2分鐘，2速3分鐘 加入剩下的細砂糖，2速攪拌8～10分鐘 攪拌完成溫度為20℃

一次發酵
溫度28～30℃・濕度80～85% 2小時 按壓排除空氣，－20℃冷卻凝固

分割
35g

冷卻
溫度－20℃冷卻3～4小時 溫度5℃一晚，讓麵團解凍

中間發酵
再次滾圓，溫度28℃左右1小時

成形
滾成球形

最終發酵
溫度28～30℃・濕度80～85% 4小時

烘烤
上火255℃・下火190℃　5分鐘

配方

モナミ（Monami）（丸信製粉）
　　　　　　　　　　　　　　 100%
生種酵母（東方酵母工業）　 3.5%
鹽（沖繩島鹽Shimamasu）　　1%
麥芽水　　　　　　　　　　　　2%
細砂糖　　　　　　　　　　　 20%
脫脂奶粉　　　　　　　　　　　3%
蛋黃　　　　　　　　　　　 6～7%
無鹽奶油（明治乳業）　　　　 10%
水　　　　　　　　　　　　　 65%

工具

直立式攪拌機（愛工舍製作所）
層次烤爐（法國BONGARD）

鬆軟小餐包
60日圓

Boulangerie Parisette

甜麵包

忠實於人人熟悉的日本口味

　　像紅豆麵包之類的日本傳統甜麵包還是要搭配從前那種甜味溫和的麵團才好吃。想要做出的，就是能夠搭配風味不會乾澀的餡料，濕潤度等同於蜂蜜蛋糕的上等口感。保濕效果高的特級砂糖與蛋一旦多加，麩質就比較不容易產生，進而導致發酵力也跟著降低，因此必須搭配中種法與低溫長時間發酵的方式來強化酵母的發酵力。加入中種的話，可以使充滿風味與麵粉甘味的麵團透過長時間來熟成，進而讓甜味倍增。

　　酵母方面使用的是生種酵母。乾酵母固然可以慢慢增加發酵力，不過生種酵母卻能在那一瞬間發酵，加上耐糖性高，非常適合需要加入較多砂糖的麵團。麵粉方面100%使用保水性高的Belle Moulin，藉以強調濕潤口感。

中種	
低速攪拌5分鐘	
攪拌完成溫度為24℃	
溫度29℃、濕度75%，發酵3小時	

攪拌	
除了奶油，其餘材料低速5分鐘，高速5分鐘	
加入常溫奶油，低速4〜5分鐘	
攪拌完成溫度為26℃	

一次發酵	
溫度29℃・濕度75%　30分鐘	
按壓排除空氣	
溫度29℃・濕度75%　30分鐘	

分割	
45g	

冷卻	
溫度−5℃冷卻12小時	

成形	
置於室溫30分鐘，讓麵團退冰	
滾成直徑4〜5cm的球形	

最終發酵	
溫度29℃・濕度75%　90分鐘	

烘烤	
塗上全蛋打散的蛋液	
以上火235℃、下火200℃烘烤8分鐘	

配方

中種
Belle Moulin（丸信製粉）	30%
生種酵母（東方酵母工業）	3%
特級砂糖	8%
全蛋	30%
Belle Moulin（丸信製粉）	70%
粗鹽	1%
無鹽奶油（高梨乳業）	12%
特級砂糖	22%
脫脂奶粉	3%
水	31%

工具
螺旋型攪拌機（Kotobuki Baking Machine）
層次烤爐（Kotobuki Backing Machine）

原味甜麵包
（參考商品）

Bon Vivant

甜麵包

探究適合搭配卡士達奶油醬的好滋味

　　當初就是因為最喜歡卡士達奶油麵包，所以兒玉師傅才會想出這個配方。只要在麵團裏加入適合搭配卡士達奶油醬的紅糖，就可以讓風味更加香醇，而且做出來的麵包口感和奶油非常對味、充滿嚼勁，麵包體會與奶油醬毫無時差地以相同的速度融於口中。

　　想讓麵包充滿嚼勁的重點在於攪拌。為了做出酥脆口感，配方中添加了低筋麵粉，可是攪拌的次數太多或太少都會讓口感變得乾澀。為此，掌握攪拌出分量剛好的麩質這個絕佳的時間點就顯得非常重要。另外，時間過久的中間發酵也是造成麵包太乾的原因，因此攪拌至麵團快要斷裂時就要停止。

　　甜麵包是店裏最常製作的麵團。另外還推出包夾蛋與馬鈴薯沙拉的熱狗麵包，淡淡的香甜滋味讓人懷念不已，而且味道十分溫和順口。

攪拌	
除了奶油，其餘材料低速10分鐘，高速2分鐘	
加入髮油狀的奶油，低速4分鐘，高速2分鐘	
攪拌完成溫度為27℃	

一次發酵	
溫度27℃・濕度80%　70分鐘	

分割	
40g	

中間發酵	
溫度27℃・濕度80%　20分鐘	

成形	
整成15cm長的橄欖形	

最終發酵	
溫度37℃・濕度80%　50分鐘	

烘烤	
上火220℃・下火200℃　7分鐘	

配方
Eagle(日本製粉)	85%
紫羅蘭低筋麵粉（日清製粉）	15%
生種酵母（東方酵母工業）	3.5%
鹽（沖繩島鹽Shimamasu）	1.6%
紅糖	16%
脫脂奶粉	3%
35%鮮奶油	10%
無鹽奶油（雪印乳業）	10%
加糖蛋黃	10%
酵母活化劑	0.1%
水	40%

工具
螺旋型攪拌機（關東混合機工業）
層次烤爐 Camel（Kotobuki Backing Machine）

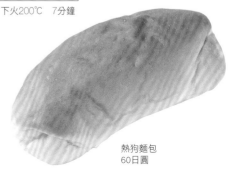

熱狗麵包
60日圓

pointage

丹麥麵包

利用上面的配料讓麵團的口感更加酥脆

　　配料豐富的丹麥麵包最重要的任務，不是讓人品嘗其麵包體，而是令配料更加出色美味。這裏用來與麵團一起摺疊的奶油是風味平順的奶油片，這樣在製作的時候不但比較順手，不管麵團摺多少次，烘烤出來的口感也不會油膩。此款麵團使用的副材料非常多，除了百合花法國粉，還搭配Gorudenmanmosu這款特高筋麵粉，藉以烘烤出酥脆的口感。

　　然而，只有口感酥脆是不夠的，因此配方中添加了10%的魯邦種，讓滋味更加深邃。魯邦種可以讓麵團的口感富有嚼勁，使這款麵包吃起來酥脆又有飽足感，並在搭配其他食材時增添整體感。

　　這款丹麥麵包的魅力，就是以容易展現季節感或挑戰新口味的配料為主。因此店內經常不時推出十種屬於季節口味的丹麥麵包。

攪拌
低速6分鐘，中速2分鐘 攪拌完成溫度為24℃

一次發酵
溫度26℃　1小時 按壓排除空氣 溫度−3℃　12小時

摺疊麵團・成形
將麵團壓成7mm厚，把奶油包裹起來 將麵團壓成5mm厚，摺成三摺，放在−3℃的地方鬆弛1小時。相同步驟重複3次

成形
最後壓成3mm厚 切好形狀，並放上配料

烘烤
上火240℃・下火200℃　15分鐘（視形狀調整時間）

配方

百合花法國粉（日清製粉）	70%
ゴールデンマンモス（Gorudenmanmosu）（第一製粉）	30%
生種酵母（東方酵母工業）	4%
魯邦種	10%
細砂糖	13%
脫脂奶粉	3%
牛奶	50%
水	2～3%
摺疊麵團用無鹽奶油片（幸運草乳業）	每1430g的麵團使用500g

工具
直立式攪拌機（愛工舍製作所）
層次烤爐（德國MIWE社）

原味丹麥麵包
（參考商品）

BOULANGERIE ianak

甜麵包

使用專用的酒種增添深邃的芳香

　　這款麵團原本是用來製作卡士達奶油麵包與波羅麵包的，但沒想到它很容易成形，非常適合做成鹹口味的麵包，讓人感受到其發展的無限可能性。

　　剛開始是使用魯邦種，但心裏卻一直覺得少了一味，於是索性試著添加製作甜麵包時培養的酒種，沒想到烤出來的麵包竟然散發出一股甜酒的芳香，讓風味變得更加馥郁，而加入的發酵奶油也讓滋味變得深邃。酒種的發酵力差，因此只能單純將它當作用來增添風味的材料，至於發酵，則是交給酵母處理。

　　為了做出鬆軟輕盈的麵團，蛋白質含量豐富的Ocean麵粉與特高筋麵粉Zeusu各使用了一半的分量。這當中尤以Zeusu的爐內膨脹效果最佳，能夠烘烤出膨鬆的麵包。

攪拌
除了奶油，其餘材料1速1分30秒，3速6分鐘 加入髮油狀的奶油，1速1分30秒，3速4分鐘 攪拌完成溫度為23℃

一次發酵
溫度25～30℃　45分鐘

分割
40g

中間發酵
溫度25～30℃　15分鐘

成形
整成長5cm、寬3cm的奶油餐包形狀

最終發酵
溫度30℃・濕度80%　45分鐘

烘烤
塗上全蛋打散的蛋液 上火230℃、下火190℃烘烤8分鐘

配方

Ocean（大陽製粉）	50%
ゼウス（Zeusu）（近畿製粉）	50%
生種酵母（東方酵母工業）	2%
酒種	15%
粗鹽	2%
發酵奶油（雪印乳業）	15%
細砂糖	15%
全蛋	50%
水	32%

工具
直立式攪拌機（愛工舍製作所）
層次烤爐（德國MIWE社）

原味麵包
（參考商品）

金麥

可頌麵包

端正的月牙形與深濃烤色的美學

　　堅守在東京大倉飯店修業時學到的風味、屬於正統派口味的可頌。為了呈現美麗的層次感，因而將摺成三摺的步驟減少一次，配方也稍微調整，但基本上還是傳承了師傅所教導的一切。利用大火把可頌烤得堅硬酥脆，芳香濃郁，使其展演出深邃的咖啡色，不過最重要的，還是將水分封鎖在內層裏。不管是外層酥脆、內層濕潤的強烈對比口感，或是美麗的月牙形，均讓人感受到傳統的製作理論，不愧是店內的招牌商品。麵團只加入牛奶來揉和，增添了一股圓醇的風味；不需加蛋，以突顯出發酵奶油的滋味。充分發酵鬆弛之後，重複3次三摺作業，而且每摺一次就鬆弛1小時，將麵團承受的壓力降低到最底限。這個合理的作業方式所呈現的捲數多，最明顯的，就是最多可以捲出4圈。

攪拌
酵母用水調開，加入少許麵粉混合，並且預備發酵10分鐘 除了奶油，其餘材料1速4分鐘 攪拌完成溫度為25～26℃

一次發酵
分割成2.5kg的大團 溫度25～26℃發酵1小時 按壓排除空氣 放在－18℃的冷凍庫裏1小時

摺疊
壓平之後將奶油包裏起來，重複3次三摺作業 每摺1次就放冷凍庫裏鬆弛1小時

成形
壓成5mm厚，切成6等分的條狀 放入－18℃的冷凍庫裏30分鐘 壓成3mm厚 放在冷凍庫裏較不冷之處1小時 切成底邊10cm，高19.5cm的等腰三角形 放入－18℃的冷凍庫裏30分鐘 捲4圈滾成月牙形 放入－18℃的冷凍庫裏一晚

最終發酵
溫度25～26℃　1小時 溫度29℃・濕度30%　1小時10分鐘

烘烤
塗上全蛋打成的蛋液 上火270℃・下火220℃　7～8分鐘

配方

百合花法國粉（日清製粉）	85%
金帆船（日本製粉）	15%
生種酵母（三共）	3.5%
鹽（伯方鹽）	2.5%
麥芽糖漿	1%
紅糖	7%
用水調開的酵母	適量
摺疊用發酵奶油（明治乳業）	50%

工具
直立式攪拌機（Eski Mixer）
烤爐（榮和製作所）

可頌麵包
160日圓

---

nemo Bakery & Cafe

可頌麵包

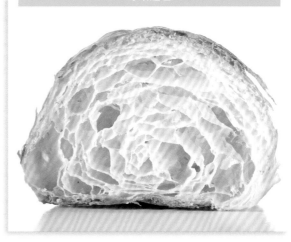

適合搭配巧克力的酥脆口感

　　根本師傅的目標，就是做出製作巧克力麵包的時候，會更加閃亮的麵團。如果再搭配烤過的巧克力，只要咬下一口，聲音可是連10公尺遠的地方都聽得見呢。為了強調這樣的口感，揉和的時候要盡量避免麩質產生，並且降低攪拌完成的溫度，重點在於讓麵團慢慢發酵。事先將特級細砂糖與鹽倒入奶油裏攪拌成髮油狀的話，奶油會比較容易融於水，可以藉此縮短攪拌時間。另外再加入魯邦種，就能讓發酵緩慢進行，進而增添一股發酵香。只不過分量太多的話，發酵奶油的風味會整個散失，因此添加的分量只要足以提味即可。成形之前放入冰箱裏鬆弛2小時，讓麵團更加穩定，擴大與摺疊用奶油的整體感，這樣在進行爐內膨脹時會更加順利，進而烘烤出美麗的層次。

事前準備
將奶油、特級細砂糖與鹽攪拌成髮油狀

攪拌
加入混合好的麵粉與脫脂奶粉，倒入酵母與融於水的魯邦種，以1速攪拌4分鐘，2速攪拌4分鐘 攪拌完成溫度為20℃

一次發酵
溫度30℃・濕度45%　30分鐘

分割
1900g

冷卻
溫度－5℃冷卻1小時

摺疊麵團
將麵團壓成9mm厚，把奶油包裏起來 將麵團壓成6mm厚，摺2次三摺，－5℃鬆弛3小時 再摺成三摺，－5℃鬆弛15小時

成形
最後壓成3mm厚 置於室溫，讓麵團回溫至8℃，切成底9cm、高20cm的等腰三角形。－5℃鬆弛2小時後捲起

最終發酵
溫度27℃・濕度75%　3小時

烘烤
塗抹全蛋6：蛋黃4打成的蛋液 上火215℃、下火205℃烘烤18分鐘

配方

HS-1（瀨古製粉）	80%
天馬（瀨古製粉）	20%
即發乾酵母（Saf-instant）	2%
魯邦種	10%
鹽（蒙古鹽）	2.8%
特級細砂糖（日東商事）	14%
無鹽奶油（明治乳業）	10%
脫脂奶粉	2%
水	50%
摺疊用發酵奶油（明治乳業）	70%

工具
直立式攪拌機 Mighty（愛工舍製作所）
層次烤爐（Tokyo Kotobuki Industry）

特製可頌麵包
220日圓

Cupido!

利用老麵來增添麵團的風味

忠實重現在法國嘗到的「外層酥脆、內層濕潤」口感。利用低溫長時間發酵的方式將麵團的香氣與甘味整個提引出來，但如果為了強調甜味而讓麵團發酵太久的話，反而無法做出美麗的層次。這裏添補了老麵的獨特甘甜滋味，藉以縮短發酵時間。不過老麵若是發酵太久，發酵臭的氣味會變得越來越濃，因此必須在攪拌的2、3小時前，將前天的麵團取出解凍之後再使用。

摺疊麵團時，三摺作業進行2次，二摺作業進行1次。只要減少層次的數量，可頌的口味就會更好，如此一來外層的口感也會更加酥脆。成形的重點在於盡量捲鬆一點。由於麵團並沒有承受壓力，可以抑制麵團變得膨鬆，因此能夠烘烤出美麗的層次。原味的可頌麵包使用的是可爾必斯的發酵奶油，風味爽口不膩；但如果想要像巧克力麵包那樣突顯出配料風味的話，就要使用普通奶油。

攪拌
1速6分鐘 攪拌完成溫度為18℃
低溫長時間發酵
壓成3cm厚，溫度0℃發酵18小時
摺疊麵團
將奶油包裹起來，壓成15mm厚 麵團摺成三摺，－20℃鬆弛1小時。相同作業重複2次 麵團摺成兩摺，－20℃鬆弛1小時
成形
最後壓成3.2mm厚 切成20cm×11cm的等腰三角形之後鬆散地捲起
最終發酵
溫度24℃‧濕度75%　1小時30分鐘
烘烤
塗上加了少許鹽、全蛋打散的蛋液，以185℃烘烤13分鐘

配方
Merveille（日本製粉）	90%
Amore（增田製粉）	10%
生種酵母（東方酵母工業）	2%
鹽（Sel Boulangerie）	2%
老麵	15%
特級砂糖	13%
脫脂濃縮牛奶	6%
水	42%
摺疊用發酵奶油（可爾必斯）	
	54%

※老麵使用的是前天製作可頌時剩餘的麵團

工具
直立式攪拌機 螺旋勾攪拌頭（Eski Mixer）
多功能蒸烤爐（Tsuji Kikai）

Cupido!可頌麵包
199日圓

麵包工房　風見雞

以土司的麵團為底，只添加麵粉

在這個百人有百種作法的摺疊類麵團裏，福王寺師傅的手法相當獨特。他並不使用可頌專用的麵團，而是在土司麵團裏添加麵粉來製作麵團。採用這種方式後，不但不需要隨時掌握發酵的情況，烘烤出來的酥脆輕盈口感還能夠持續到隔天。加上麵團是以天然酵母為主，因此風味會隨著時間而變得更加香濃深邃。

摺疊用的油，使用了可爾必斯的發酵奶油與瑪其琳「トスタール（Tosutaru）」。利用即使置於常溫底下也不會凝固的瑪其琳特色，讓人只要咬下一口可頌，奶油的香味就會瀰漫在整個嘴裏。Tosutaru的特色，就是帶有一股焦香奶油的風味，不會讓人注意到瑪其琳的特有異味。只要減少摺疊的次數，就能夠強調奶油的芳香。

攪拌
低速2～3分鐘，略微攪拌即可
一次發酵
溫度30℃‧濕度85%　90分鐘 按壓排除空氣 溫度4～5℃，至少發酵12小時
冷卻
按壓排除空氣，－10℃冷藏1小時
摺疊麵團
奶油與Tosutaru疊在一起，拍打成薄片狀 將奶油片包裹起來，壓成5mm厚 進行1次三摺作業，1次四摺作業 壓成7mm厚，－10℃冷藏1小時
成形
最後壓成3mm厚 切成8cm×30cm的等腰三角形並捲起
最終發酵
溫度30℃‧濕度85%　90分鐘
烘烤
塗上2次全蛋打散的蛋液 放入240℃的石窯烤爐裏 烘烤6～8分鐘 放入160℃的多功能蒸烤爐裏烘烤8～10分鐘

配方（20個）
十勝夢想混合麵粉（Agrisystem）	
	60g
工房白土司麵團（第15頁）	1200g
摺疊用含鹽奶油（可爾必斯）	
	225g
摺疊用Tosutaru（不二製油）	
	250g

工具
直立式攪拌機 Mighty 螺旋勾攪拌頭（愛工舍製作所）
石窯烤爐（Tayso）
多功能蒸烤爐（Tsuji Kikai）

可頌麵包
180日圓

patisserie Paris S'eveille

每個步驟是否細心進行決定了層次的美麗

　　除了當作點心，為了讓大家也能夠把這款可頌麵包作為餐點麵包來享用，因此添加了無糖煉乳讓味道更加香醇，加上風味比較不甜，能夠讓人充分感受到其中的鹹味。雖然口感跟派皮一樣輕脆，卻烤出可以飽腹的口感。層次美麗與否，與口感息息相關，因此製作的時候必須特別注意如何呈現出美麗的層次感。此時最重要的，就是每一個步驟都要非常細心地進行。摺疊麵團這個步驟一旦溫度上升，不僅裏頭的奶油會融化，麵團也會跟著收縮，所以每摺一次就要鬆弛一次，讓麵團處於容易延展的狀態。但最後一次的三摺作業完成之後不需鬆弛，必須立刻成形，如此麵團才不會變得柔軟滑順，進而摺出層次美麗的表面。捲麵團的時候不需施力，只要輕輕捲起即可，這樣就不會破壞斷面，讓每一層的層次都洋溢著活力。

攪拌

除了鹽，其餘材料1速2分30秒
自我分解法進行15分鐘
加鹽，2速3分鐘
攪拌完成溫度為24～25℃

一次發酵

溫度12～14℃　2小時
按壓排除空氣

摺疊麵團

壓成5mm厚，－5℃鬆弛2小時
用麵團將相同溫度的奶油包裹住
壓成5mm厚，摺成三摺，－5℃
鬆弛1小時30分鐘
壓成7mm厚，摺成三摺，3℃鬆弛8小時
壓成5mm厚，摺成三摺

成形

最後壓成4mm厚
切成約55g、7.5cm～8cmx19cm
的等腰三角形，並且輕輕捲起

最終發酵

溫度27℃・濕度70%　2小時15分鐘

烘烤

塗上用相同分量的全蛋與蛋黃打散的蛋液
以上火170℃烘烤18分鐘

配方
百合花法國粉（日清製粉）── 80%
山茶花高筋麵粉（日清製粉）
　　　　　　　　　　　── 20%
生種酵母（東方酵母工業）── 4%
鹽（天鹽）── 2.2%
麥芽糖漿── 0.5%
細砂糖── 10%
發酵奶油（明治乳業）── 5%
無糖煉乳── 41%
維他命C── 0.1%
水── 16.5%
摺疊用發酵奶油（明治乳業）
　　　　　　　　　　　── 50%

工具
直立式攪拌機（愛工舍製作所）
多功能蒸烤爐（Pavailler）

可頌麵包
220日圓

Les entremets de kunitachi

焦香與酵母香讓奶油的風味更加出色

　　可頌的精髓在於香氣。只要充分烘烤，並且利用略微燒焦的甘甜滋味，就可以讓奶油的風味變得豐厚濃郁。使用的特級砂糖，能發揮轉化糖的功能，令可頌更容易烤出顏色，而且味道也會更加順口，同時還能夠增加內層的濕潤度。咀嚼的時候，奶油會從縫隙中滲出，讓人享受到豐富多變的口感。生種酵母與乾酵母搭配使用，讓用來突顯奶油風味的酵母氣味更加香濃。

　　想要烤出酥脆的口感，就必須添加少量的低筋麵粉。Orugan這種麵粉不會過度漂白，樸素的芳香非常類似法國的麵粉，因而深受店家喜愛。

　　麵團在摺疊的時候會順便一起揉和，因此攪拌時只要麩質開始出現就可以停止，這就是做出嚼勁不會太強、口感理想的可頌的重點。

預備發酵

材料融於水之後放置10分鐘

攪拌

依序加入麵粉、鹽、砂糖、奶粉，與融於28℃的奶油，水一口氣倒入
以低速攪拌均勻即可

一次發酵

溫度26℃　50分鐘～1小時

摺疊麵團

將奶油包裹起來
壓成7mm厚，重複2次三摺作業
放在5℃的地方1小時
壓成7mm厚，進行1次三摺作業

成形

最後壓成4mm厚
切成60g重、9cmx20cm的等腰三角形並捲起

最終發酵

溫度28℃　50分鐘～1小時

烘烤

塗上全蛋打散的蛋液
以230℃烘烤5分鐘
等麵團膨脹、開始出現焦黃色之後，再以180℃烘烤25～30分鐘

配方
預備發酵
　乾酵母（Saf）── 0.9%
　生種酵母（東方酵母工業）
　　　　　　　　　　── 9.2%
　維他命C── 2.4%
　溫水── 6.2%
　Mont Blanc（第一製粉）── 92.3%
オルガン（Orugan）（第一製粉）
　　　　　　　　　　── 7.7%
粗鹽── 2%
細砂糖── 9.4%
特級砂糖── 4.6%
發酵奶油（D'isigny）── 7.7%
脫脂奶粉── 3%
水── 42%
摺疊用發酵奶油（D'isigny）
　　　　　　　　　　── 55%

工具
直立式攪拌機（Hobart Japan）
層次烤爐（Pavailler）

可頌麵包
189日圓

Katane Bakery

添加魯邦種，讓麵團更加穩定

　　這款麵團追求的是甜味固然扎實，但風味沒有那麼濃厚，就算每天吃也不會膩的美味。除了果醬類等甜的抹醬，也能夠隨手夾入火腿或起司等配料。最理想的內層，就是酥脆又入口即溶，同時還能夠品嘗到濃郁的奶油香。搭配使用顆粒較粗、麩質較低的麵粉，以做出酥脆的口感。配方中主要使用的麵粉Merveille的特色就是高雅的芳香，不過最令人滿意的，還是分量飽滿這一點。製作時的重點在於每個步驟都要細心地讓麵團冷卻，尤其進行摺疊作業當中，絕對不可以讓麵團發酵。由於烘烤出爐需要一段時間，因而添加具有穩定麵團效果的魯邦種，好加強麵團的耐久性。酵母方面使用的是具有馥郁發酵香、法國獨有的半乾酵母，讓出爐的可頌香氣豐富迷人。

攪拌
1速4分鐘 攪拌完成溫度為24℃

一次發酵
溫度25℃・濕度70%　40分鐘

分割
1760g

中間發酵
溫度25℃・濕度70%　30分鐘

冷卻
壓成2～3cm厚，溫度−2℃冷卻24小時

摺疊麵團
壓成1.2cm厚，將奶油包裹起來壓成5mm厚，先摺1次三摺，溫度−2℃鬆弛30分鐘 再摺1次三摺，溫度−2℃鬆弛1小時。相同步驟重複2次

成形
壓成5mm厚，擀成45cm寬，溫度−2℃鬆弛1小時 壓成3.5mm厚，溫度−2℃鬆弛1小時 切成60g、12cmx20cm的等腰三角形 溫度−2℃鬆弛1小時 捲成可頌的形狀，溫度−2℃鬆弛12小時

最終發酵
溫度27℃・濕度70%　3小時

烘烤
塗上全蛋打散的蛋液 以上火260℃、下火220℃烘烤15分鐘

配方	
Merveille（日本製粉）	50%
Classic（日本製粉）	35%
Savory（日清製粉）	15%
半乾酵母（Saf Semi-dry）	1.4%
魯邦種	5%
鹽（伯方鹽・烤鹽）	2.2%
發酵奶油（幸運草乳業）	8%
細砂糖	12%
牛奶	20%
水	28%
摺疊用發酵奶油（幸運草乳業）	50%

工具
直立式攪拌機（Eski Mixer）
層次烤爐（法國BONGARD）

可頌麵包
155日圓

Boulangerie Parisette

強調麵團的芳香、充滿嚼勁的口感

　　想要做出的，是不會太過強調奶油風味、可以嘗到麵團的發酵香、一邊保留酥脆的口感，同時又能夠品嘗到充足嚼勁的麵團。使用的麵粉以百合花法國粉為主，另外再搭配金帆船與Terroir。爐內膨脹效果非常好的金帆船能夠做出Q彈的口感，以法國產小麥為原料的Terroir則擁有與日本產麵粉不同質地的香氣，光是使用10%，就足以令烤出的可頌香味撲鼻。為了讓人在咬下第一口的那一瞬間嘗到發酵奶油的芳香，這裏只使用揉和麵團專用的奶油。

　　該店的丹麥麵包也使用同一種麵團製作。風味爽口不膩，無論是甜是鹹，都非常容易搭配任何一種食材。剩餘的麵團用於法式鹹派與派皮。酥脆獨特的口感，讓人能夠品嘗到與餅底脆皮麵團（pâte à foncer）截然不同的風味，屬於應用範圍廣泛、可以隨心使用的麵團。

攪拌
低速5分30秒 攪拌完成溫度為22℃

一次發酵
溫度29℃・濕度75%　20分鐘 壓成約2cm厚

冷卻
溫度−5℃冷卻12小時

摺疊麵團
將奶油包裹起來，壓成6mm厚之後摺成三摺，溫度−20℃鬆弛30分鐘，相同步驟重複3次。不過最後一次鬆弛的時間為15分鐘

成形
最後壓成2.5mm厚 切成9cmx19cm的等腰三角形之後捲起

最終發酵
溫度29℃・濕度75%　90分鐘

烘烤
塗上全蛋打散的蛋液 以上火230℃、下火200℃烘烤12分鐘

配方	
百合花法國粉（日清製粉）	60%
Terroir（日清製粉）	10%
金帆船（日本製粉）	30%
生種酵母（東方酵母工業）	3.5%
粗鹽	2%
麥芽糖漿	0.5%
發酵奶油（幸運草乳業）	5%
細砂糖	10%
牛奶	30%
水	23%
摺疊用無鹽奶油（高梨乳業）	50%

工具
螺旋型攪拌機（Kotobuki Baking Machine）
層次烤爐（Kotobuki Backing Machine）

可頌麵包
170日圓

BOULANGERIE ianak

讓每個層次都厚實,烘烤出充滿彈性的口感

師傅的理想,與其說入口即溶,其實應該是可頌停留在嘴裏的完美硬度。他想要做出的,是充滿嚼勁、越咀嚼風味越深邃的麵團。利用2次的四摺作業來減少層次,好讓每個層次都有一定的厚度。

以百合花法國粉為主,搭配可以烤出酥脆口感的傳奇高筋麵粉,以及分量相同、充滿嚼勁的TYPE ER,另外再加上少量的石臼研磨麵粉KJ-15,藉以追求嚼勁十足,同時口感酥脆的可頌。這款可頌只添加發酵奶油。為了讓發酵的芳香更加濃郁,還另外添加了魯邦種,不過麵團卻會變得更加黏稠,因此必須減少水分來調節。

該店的丹麥麵包也是使用可頌麵團來製作,不過是將麵團以高溫略微烘烤,藉以加強鬆脆的口感。

攪拌
將麵粉、乾酵母、鹽、細砂糖與奶油以1速攪拌1分鐘 加入全蛋、魯邦種與水,1速攪拌1分30秒,3速攪拌1分鐘 攪拌完成溫度為20℃

分割
約1800g

一次發酵
溫度25～30℃　30分鐘

冷卻
溫度-5℃冷卻24小時

摺疊麵團
壓成8mm厚 將摺疊用奶油包裹起來,壓成5mm厚 摺成四摺,溫度-5℃鬆弛1小時 相同步驟重複2次

成形
壓成3mm厚,切底邊10cm,高20cm的等腰三角形之後捲起來

冷卻
溫度-5℃冷卻12小時

最終發酵
溫度28℃・濕度90%　約2小時

烘烤
上火240℃・下火190℃　13分鐘

配方
百合花法國粉(日清製粉)	55%
傳奇高筋麵粉(日清製粉)	20%
TYPE ER(江別製粉)	20%
KJ-15(熊本製粉)	5%
即發乾酵母(Saf-instant)	1%
粗鹽	2.1%
細砂糖	10%
發酵奶油(雪印乳業)	5%
全蛋	5%
魯邦種	15%
水	45%
摺疊用發酵奶油(雪印乳業)	
	50%

工具
直立式攪拌機(愛工舍製作所)
層次烤爐(德國MIWE社)

可頌麵包
170日圓

---

nukumuku

攪拌冰成冰砂狀的副材料

雖然口感酥脆到碎屑會不停地掉落,可是只要一咬下去,香甜的滋味就會瀰漫在整個嘴裏。當初製作時,始終無法達到理想的外型,為此檢視了副材料的內容,並且讓酵母預備發酵等等,經歷過無數的失敗。為了烘烤出理想的口感,甚至還引進能夠讓熱能產生均勻對流的多功能蒸烤爐,最後終於烤出接近心目中的風味。

關鍵在於攪拌之前的副材料狀態。除了麵粉、酵母與奶油,其餘材料攪拌之後放在冷凍庫裏冷凍凝固,接著再放在冷藏室裏稍微解凍,使其呈現冰砂狀。如此一來,就能夠產生獨特的酥脆口感。另外,奶油如果事先與麵粉搓成砂狀,烤出的可頌口感會更酥脆。這是一種極為細膩的麵團,處理起來非常不容易,因此摺疊時的重點,在於必須細心地讓麵團鬆弛好幾次。

事前準備
除了麵粉、酵母與奶油,其餘材料混合之後放在-20℃的地方,讓材料完全凝固,接著再放在5℃的地方一晚,使其呈冰砂狀

攪拌
用10%的熱水(分量外)將酵母調至溶解後,倒入呈冰砂狀的麵團裏 將切碎的奶油與麵粉搓成砂狀 加入所有材料,1速攪拌3分鐘,2速攪拌3分鐘 攪拌完成溫度低於20℃

分割・冷卻
將1800g的麵團壓成8mm厚的長方形 溫度-20℃冷卻30分鐘

摺疊麵團
將奶油包裹起來 壓成8mm厚,摺成三摺,溫度-20℃鬆弛10分鐘。相同步驟重複2次 壓成15mm厚,溫度-20℃鬆弛15分鐘 壓成8mm厚,摺成三摺 溫度-20℃鬆弛10分鐘 放在5℃的地方10～12小時,讓麵團解凍 壓成8mm厚,溫度-20℃鬆弛20分鐘 壓成4mm厚,溫度-20℃鬆弛35～40分鐘 壓成3.5mm厚,溫度-20℃鬆弛2小時

成形・冷凍
切成23cmx9cm的等腰三角形之後捲起來 放在溫度-20℃的地方10小時

最終發酵
溫度約28℃解凍2小時,接著以溫度28～30℃、濕度80～85%發酵4小時

烘烤
以180℃烘烤10分鐘

配方
Mont Blanc(第一製粉)	100%
即發乾酵母(Saf-instant)	2%
鹽(沖繩島鹽Shimamasu)	1.6%
發酵奶油(明治乳業)	5%
細砂糖	10%
脫脂奶粉	10%
煉乳	6%
水	38%
摺疊用發酵奶油(明治乳業)	
	48%

工具
直立式攪拌機(愛工舍製作所)
多功能蒸烤爐(Eurofours)

可頌麵包
170日圓

nemo Bakery & Cafe

布里歐麵包

塔派外型是做出理想口感的關鍵

　　根本師傅製作的僧侶布里歐尺寸比一般的還要大，感覺非常沉重。因為烘烤麵團時使用的不是菊形模，而是塔派模。塔派模的底部並不像菊形模那樣狹窄，因此可以預防麵包底部過於飽滿，進而將整體烘烤出相同口感。這種模子底部的面積比較寬，所以烤爐下火的熱度得以完全傳遞到麵團裏，並且利用短時間烘烤來封住水分，好讓烤出的麵包口感濕潤。另外，這種模子的重心穩，加工做成杏仁奶油果麵包（Bostock）也相當容易，這一點深受根本師傅的讚許。這款麵團在甜口味上變化豐富，因此砂糖與鹽的分量須稍微控制，只要做出一股淡淡的香甜滋味即可。麵團裏加了全蛋，讓風味變得更加溫和，並且拉長發酵的時間，好讓奶油的香氣散發出來。不特地強調雞蛋風味，而是將重點放在蛋與奶油搭配烘烤而出的可口滋味。

攪拌
除了奶油，其餘材料1速2分鐘， 2速4分鐘 加入一半分量的常溫奶油，1速3分鐘 加入剩下的奶油，1速3分鐘，2速6分鐘，3速約4分鐘 攪拌完成溫度為24℃

一次發酵
溫度30℃・濕度45%　30分鐘 溫度−5℃　1小時

分割
50g

冷卻
−5℃冷卻15小時

成形
將麵團放在5℃的地方，使其回溫至7～8℃ 塑成和尚頭形 放在塔派模裏

最終發酵
溫度27℃・濕度70%　80分鐘

烘烤
塗上全蛋6：蛋黃4打散的蛋液 以上火210℃、下火240℃烘烤8分鐘

配方
Savory（日清製粉）	100%
即發乾酵母（Saf-instant）	2%
鹽（蒙古鹽）	1.4%
特級細砂糖（日東商事）	14%
無鹽奶油（明治乳業）	60%
全蛋	60%
牛奶	15%

工具
直立式攪拌機 Mighty（愛工舍製作所）
層次烤爐（Tokyo Kotobuki Industry）

布里歐麵包
150日圓

Les entremets de kunitachi

布里歐麵包

嚴守攪拌完成的溫度，提高濕潤口感

　　正因為是具有歷史性的麵團，鲶澤師傅希望能夠將其原有的美味如實地傳遞給大家。他保留了在A. Lecomte時期學到的製法與風味，但是為了迎合日本人的口味，所以特地將麵團做得濕潤一些。雞蛋方面，蛋黃可以讓味道變得更加香甜，不過濃稠的蛋白卻能讓麵團更加濕潤，因此他使用了全蛋，另外再搭配蛋黃。麵團的溫度一旦超過28℃，口感就會因為奶油液化而變得乾澀，因此嚴格遵守24℃這個攪拌完成溫度是一件非常重要的事。夏天的話，麵粉一定要放在冰箱冷藏，如果溫度上升，攪拌的時候就把碗盆貼在冰水裏。

　　擁有獨特發酵香的酵母可以將甘味提引出來，這是布里歐麵包不可或缺的要素。乾酵母在預備發酵的步驟雖然需要花一段時間，但也正因為如此，才能夠烘烤出芳香馥郁的麵包。

攪拌
麵粉、雞蛋與牛奶以低速攪拌 5分鐘 溫度24～26℃鬆弛15分鐘 加入鹽、細砂糖與酵母，低速攪拌5分鐘 加入20℃的髮油狀奶油，使其乳化 攪拌完成溫度為23～24℃

一次發酵
溫度26℃　55分鐘～1小時 按壓排除空氣 溫度5℃　2小時

分割
50g

冷卻
溫度5℃冷卻10分鐘

成形
和尚頭形

最終發酵
溫度28℃　50分鐘～1小時

烘烤
塗上全蛋打散的蛋液 以230℃烘烤5分鐘 移至180℃的烤爐裏烘烤20～25分鐘

配方
Mont Blanc（第一製粉）	100%
乾酵母（Saf）	1.6%
粗鹽	2%
全蛋	30%
蛋黃	20%
細砂糖	12%
發酵奶油（D'isigny）	50%
牛奶	30%

工具
直立式攪拌機（Hobart Japan）
層次烤爐（Pavailler）

僧侶布里歐
189日圓

L'Atelier du pain

利用自我分解促進爐內膨脹，讓麵團膨鬆

　　三橋師傅覺得純法式的布里歐麵團做出來的麵包有點乾，因此他採用自我分解的方式來加強爐內膨脹，讓烤出的麵包口感更加膨鬆順口。雖說是利用自我分解，但方法卻非常獨特，是將麵粉、細砂糖、蛋黃、牛奶與奶油揉和之後放在冰箱裏發酵3小時至一天，讓人能夠盡情享受配方比例占了60%的奶油與蛋黃的芳香，而且完全不會覺得口感乾澀。甜味稍低，入口即溶，加上配方比例占了18%的鮮奶油，讓烤出來的麵包口感跟絲綢一樣細膩。這款布里歐土司外層酥脆，與內層的口感形成強烈對比。另外，該店還使用這種麵團，奢侈地做出屬於平民點心的牛角麵包，甚至內餡也堅持填滿自家製的香草卡士達奶油醬。

自我分解

除了奶油，其餘材料以1速攪拌3分鐘，2速攪拌4分鐘
加入常溫奶油，以2速攪拌均勻
放在5℃的地方3小時以24小時

攪拌

除了自我分解的麵團與奶油，其餘材料1速5分鐘，2速8分鐘
加入常溫奶油，2速4分鐘
攪拌完成溫度為24℃

一次發酵

溫度25℃　30分鐘
溫度27℃・濕度75%　20～30分鐘
放在－9℃的冷凍庫裏3小時

分割

75g

成形

用手滾圓，放在5℃的冰箱裏鬆弛30～40分鐘
塑整成橄欖形，每個木製烤模裏放入4球麵團

最終發酵

溫度27℃・濕度75%　3小時

烘烤

塗上全蛋打散的蛋液
以上火195℃、下火195℃烘烤30分鐘

配方
自我分解

3 Good(第一製粉)	80%
細砂糖	12%
無鹽奶油(雪印乳業)	20%
蛋黃	30%
牛奶	30%
Grist Mill(日本製粉)	20%
生種酵母(三共)	2.5%
鹽(海鹽)	2%
40%鮮奶油(名酪)	18%
牛奶	10%
無鹽奶油(雪印乳業)	40%

工具
直立式攪拌機（愛工舍製作所）
層次烤爐Soleo（法國BONGARD）

布里歐土司
1050日圓

Katane Bakery

利用老麵法減少攪拌，做出香濃的風味

　　這款麵包讓人聯想到「在過去法國平民百姓儉樸的生活裏，只有節慶才能夠享受的奢侈品」，而師傅想要做出的，就是入口即溶，可以品嘗到蛋與奶油馥郁風味的好滋味。可是攪拌次數太多的話，奶油會氧化，而且麵團也會過於膨脹，使味道整個變淡。為了極力減少攪拌次數，片根師傅採用老麵法，讓麵團因為老麵而變得更容易飽滿，而且傳熱性佳，能夠在高溫短時間內烘烤，進而烤出輕脆口感。接著還利用自我分解法讓麵團充分水合，以減少攪拌的次數。為了避免奶油氧化而出現異味，盡量不要讓它退到常溫，而是以冰奶油的狀態直接敲軟。使用老麵法的話，麵團在處理上會變得比較容易，另外，最大的好處，就是可以隨心嘗試，進而變化出各種不同的口味。

攪拌

事先將脫脂奶粉與細砂糖混合，再加入麵粉、蛋與魯邦種進行自我分解1小時
加入酵母、鹽與發酵種，1速攪拌2分鐘，2速攪拌3分鐘
加入敲軟的冰奶油，2速攪拌3分鐘
攪拌完成溫度為22℃

一次發酵

溫度25℃・濕度70%　90分鐘
按壓排除空氣
溫度27℃・濕度70%　30分鐘

分割

45g

冷卻

溫度－2℃冷卻至少18小時
直接冰涼地滾圓
溫度－2℃冷卻20分鐘

成形

和尚頭形

最終發酵

溫度27℃・濕度70%　90分鐘

烘烤

塗上全蛋打散的蛋液
以上火255℃、下火230℃烘烤
不超過10分鐘

配方

Merveille(日本製粉)	40%
Savory(日清製粉)	40%
春豐混合(江別製粉)	20%
發酵種	20%
半乾酵母(Saf Semi-dry)	1.5%
魯邦種	5%
鹽(伯方鹽・烤鹽)	2.4%
細砂糖	12%
全蛋	70%
發酵奶油(幸運草乳業)	60%
脫脂奶粉	2%

※發酵種是使用前一天的法國麵包麵團

工具
直立式攪拌機(Eski Mixer)
層次烤爐(法國BONGARD)

布里歐麵包
110日圓

金麥

利用自我分解法做出濕潤口感

　　除了品嘗原味，在上頭放些新鮮水果或是將水果乾與麵團一起揉和、做成維也納麵包時，也可以突顯出濕潤口感的麵團。配方當中使用了40%的全蛋與10%的蛋黃。僅添加牛奶，而且糖的分量略多，因而得到類似甜點、放入烤爐時只要在上頭添加配料，就能夠烘烤出非常接近維也納麵包的口感。配方中使用了50%的奶油。如果超過這個比例，烘烤的時候蒸發的水分就會變多，到了隔天麵包會變硬，使口感變得非常乾澀。另外，利用自我分解法揉和出柔軟麵團時，發酵的時間也要跟著縮短。這款布里歐麵包的滋味雖然濕潤香甜，卻非常適合搭配雞蛋沙拉與生火腿，做成三明治同樣十分可口美味。在麵團裏添加檸檬皮，或是放上加了椰子的蛋白霜、烘烤而成的「Ramuna」更是夏天的基本商品。

攪拌
除了鹽、酵母與奶油，其餘材料以1速略微攪拌 自我分解法進行30～40分鐘 加入鹽與酵母，1速2分鐘，2速12～13分鐘 一點一點地加入常溫奶油，2速7～8分鐘，3速1分鐘 攪拌完成溫度為25℃

一次發酵
溫度25～26℃　1小時 按壓排除空氣，放在－18℃的冷凍庫裏1小時

分割‧成形
30g 和尚頭形

最終發酵
溫度28℃‧濕度75～80%　1小時

烘烤
上火230℃‧下火260℃　8分鐘

配方

金帆船（日本製粉）	40%
オテル（Oteru）（星野物産）	60%
生種酵母（三共）	3%
鹽（伯方鹽）	2%
紅糖	8%
全蛋	40%
蛋黃	10%
牛奶	15%以上
無鹽奶油	50%
用水調開的酵母	適量

工具
直立式攪拌機（Eski Mixer）
烤爐（榮和製作所）

僧侶布里歐
130日圓

PANTECO

吸水率超過80%，讓口感更加柔軟

　　將水量增加到極限，藉以做出膨鬆柔軟的口感。利用牛奶來消除蛋腥味，讓風味變得細緻又淡薄。這就是氣孔跟海綿一樣細膩柔軟的布里歐麵包。剛開始攪拌的時候，水分不要全部加入，等麩質完全出現了之後再慢慢增加，這樣就可以做出輕薄又富有延展性的麩質。另外，為了讓攪拌完成的麵團維持低溫，材料與攪拌盆必須事先充分冰過，因為只要溫度一上升，麵團就會變得鬆散，奶油也會因為熱而溶解分離，因此要特別注意。成形的形狀不同，口感也會隨著改變，其中以不需花太多巧思、滾成圓形的麵團呈現的口感最為柔軟。增加奶油與蛋的比例，配方豐富的現烤布里歐麵包雖然非常美味，可是一旦冷卻，麵包的口感就會因為裏頭的固形油與蛋白質硬化而變得硬化乾澀。如果反過來減少奶油和蛋的比例，那麼即使是放三天，也能保持它的柔軟與可口滋味。

攪拌
將麵粉、特級砂糖、牛奶與8成分量的全蛋以低速攪拌6～7分鐘 自我分解法進行15分鐘 加入酵母，低速攪拌1～2分鐘 將鹽、剩下的全蛋與水一點一點地倒入其中，並以中高速攪拌 攪拌柔順之後，一點一點地加入與麵團一樣柔軟的奶油 自我分解後的時間須控制在30分鐘以內 攪拌完成溫度為21～23℃

一次發酵
溫度26～27℃‧濕度65～70%　1小時 按壓排除空氣，溫度10℃冷藏至少12小時，使其凝固 ※這樣的狀態可保存2～3天

分割
30g 放入布里歐烤模裏

最終發酵
溫度25℃‧濕度80%　1小時

烘烤
以下火220℃烤熱烤盤後，將麵團排放在上面 放入下火220℃（不使用上火）的烤爐裏之後，立刻將溫度調降至180℃烘烤20分鐘

配方

PC-4（東京製粉）	100%
生種酵母（東方酵母工業）	3%
鹽（沖繩島鹽Shimamasu）	2.4%
特級砂糖	13%
牛奶	15%
全蛋	60%
無鹽奶油	45%
水	20%

工具
直立式攪拌機（NK）
層次烤爐（法國BONGARD）

迷你布里歐麵包
80日圓

52

Les Cinq Sens

麻花狀可促進爐內膨脹，並烤出輕盈口感

　　蘭姆酒、橙花水、香草精、櫻桃酒漬葡萄乾。將這四種香氣聚集在一起，風味就會變得非常芳醇，彷彿是在「品嘗香氣」的布里歐麵包。該店的原味布里歐砂糖用量略少，非常適合搭配鹹口味的配菜；相對地，這款布里歐的砂糖用量較多，而且又加了水，呈現出類似海綿蛋糕般鬆軟又濕潤的口感。

　　「烘烤」的時候盡量讓外層的薄度達到極限，藉以呈現輕脆的口感，這一點比什麼都重要。將麵團編成麻花狀可以避免麩質粘和在一起，同時又能夠促進爐內膨脹。為了避免表面變硬，烘烤時不使用上火，好讓麵包烤得更加膨鬆。

　　自我分解的時候，讓麵團好好地和在一起也是重點。由於配方裏並不使用中種，所以能夠抑制發酵臭，如此一來，就能夠充分地將副材料馥郁的芳香整個提引出來。

自我分解
低速攪拌5鐘
自我分解法進行15分鐘

攪拌
加入生種酵母，低速2分鐘
加鹽，低速2分鐘
加入老麵，低速5分鐘，中速2分鐘，高速3分鐘
加入常溫奶油，低速5分鐘，中速2分鐘
加入葡萄乾，中速2分鐘
攪拌完成溫度為24℃

一次發酵
溫度27℃‧濕度60%　20分鐘
按壓排除空氣發酵20分鐘，相同步驟重複3次

分割
550g

中間發酵
溫度27℃‧濕度60%　20分鐘

成形
將3球麵團整成棒狀，編成麻花狀之後放入3斤烤模裏

最終發酵
溫度28℃‧濕度50%　1小時～1小時30分鐘

烘烤
塗上全蛋打散的蛋液，撒上粗糖以上火0℃、下火170℃烘烤約50分鐘

配方

自我分解
鄂霍次克(昭和產業)	100%
麥芽糖漿	1%
細砂糖	30%
全蛋	35%
蘭姆酒	5%
香草精	1.5%
橙花水	4%
水	20%

主麵團
生種酵母(麒麟協和食品)	7%
鹽(guérunde鹽花)	2.2%
老麵	50%
無鹽奶油(明治乳業)	35%
櫻桃酒漬葡萄乾	40%

※老麵使用的是特地製作的麵團

工具
直立式攪拌機（愛工舍製作所）
熔岩烤爐（櫛澤電機製作所）

旺代布里歐麵包
1g 2.2日圓

Cupido!

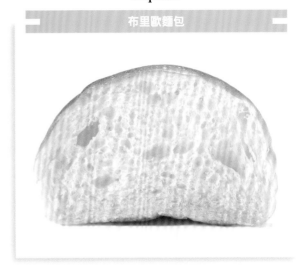

利用水與蛋黃揉和麵團的嶄新配方

　　即使如實重現在法國學到的方法，身在日本無論如何就是會遠離理想。正當煩惱之際，卻因為遇見使用橄欖油做成的南法口味布里歐「蓬普麵包（pompe à l'huile）」而大受衝擊。回想起來，其實法國各地都有從布里歐麵包衍生的各種麵包。在這裏稍微轉個念，試著挑戰嶄新的配方。基本上布里歐麵包是用全蛋來揉和，可是只要加入蛋白，嚼勁就會變得更強，因此這裏是使用蛋黃與水來強調濕潤的口感。奶油是造成口感乾澀的原因，因此必須酌量使用，盡量讓風味留存下來，但又能夠烘烤出理想中的口感。入口即溶的口感能夠與餡料形成整體感，因此非常適合做成包夾餡料的麵包。加上裏頭的油脂少，口感酥脆，因此也相當適合做成炸麵包。

攪拌
除了奶油，其餘材料1速3分鐘，2速4分鐘
加入冰奶油，1速4分鐘，2速3分鐘
攪拌完成溫度為23℃

一次發酵
溫度27℃‧濕度75%　30分鐘
按壓排除空氣
溫度27℃‧濕度75%　40分鐘

分割
30g

冷卻
溫度－20℃冷卻至少18小時

成形
回復常溫並且滾圓

烘烤
上火230℃‧下火180℃　4分鐘

配方
鄂霍次克(昭和產業)	100%
生種酵母(東方酵母工業)	3%
鹽(Sel Boulangerie)	1.6%
特級砂糖	15%
無鹽奶油(明治乳業)	16%
蛋黃	12%
脫脂濃縮乳	8%
水	44%

工具
直立式攪拌機 螺旋勾攪拌頭
（Eski Mixer）
石窯烤爐（Tsuji Kikai）

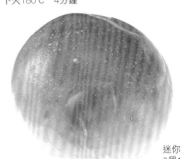

迷你布里歐麵包
3個199日圓

Bon Vivant

搭配豐富的配方，以追求上等的順口口感

在義大利文中意指「黃金麵包」、屬於聖誕節的傳統發酵點心。宛如天鵝絨般滑順的口感與其黃金之稱可說是名副其實。照理來說，傳統作法應該要使用panettone菌，不過兒玉師傅卻大膽地只使用魯邦種來試做。不管中種或主麵團，都經過長時間發酵，目的就是為了將魯邦種的香味提引至極限。60%的奶油與76%的加糖蛋黃這個店內最豐富的配方，是為了做出上等的濕潤感。可是這麼一來，會讓人忍不住擔心味道是否太過油膩。為此，兒玉師傅成功地利用白乳酪（fromage blanc）將奶油與蛋的濃厚風味抑制住。做出好口感的重點，就是加入奶油的時機。想像著要讓奶油附著在麩質的那層膜上，當麩質的薄膜出現時，就可以加入奶油。麩質膜如果太厚，奶油反而會無法附著在上面，因此這個時間點非常重要。

中種
1速攪拌5分鐘，2速攪拌5分鐘，3速攪拌3分鐘
攪拌完成溫度為24℃
溫度27℃・濕度80%發酵30分鐘
重新滾圓，溫度5℃至少發酵10小時

攪拌
除了奶油，其他材料1速5分鐘，2速5分鐘，3速4分鐘
加入髮油狀的奶油，2速4分鐘
攪拌完成溫度為24℃

一次發酵
溫度27℃・濕度80%　30分鐘
按壓排除空氣，溫度5℃至少發酵10小時

分割・成形
380g
放入潘多洛烤模裏

最終發酵
溫度27℃・濕度80%　2小時～2小時30分鐘

烘烤
上火180℃・下火180℃　23～25分鐘

配方
中種
百合花法國粉（日清製粉）	
	50%
魯邦種	3%
35%鮮奶油	20%
牛奶	3%
無鹽奶油（雪印乳業）	20%
加糖蛋黃	38%
Eagle（日本製粉）	50%
鹽（沖繩島鹽Shimamasu）	1.2%
無鹽奶油（雪印乳業）	40%
細砂糖	32%
加糖蛋黃	38%
白乳酪	20%
蘭姆酒	4%
香草精	0.05%

工具
直立式攪拌機（Eski Mixer）
層次烤爐 Camel（Kotobuki Backing Machine）

潘多酪麵包
800日圓

---

pointage

酵母分量控制在最底限，讓口感更加濕潤

衍生自米蘭的潘娜朵妮（Panettone）、滲透至義大利各地的甜麵包。這款配料豐富的麵團裏加了蛋、奶油、牛奶、砂糖與水果乾，還添加了天然酵母，可以保存一段時日。這是一款深受中川師傅喜愛的麵包，在義大利當地雖然是屬於聖誕節的點心，但只要來到pointage，一年四季都可以看見它的蹤影。

想要做出濕潤的口感，添加的酵母與天然酵母必須盡量控制在最底限，並且使用中種法來揉和麵團。為了避免油脂因為急速發酵而溶解，製作時的重點在於低溫慢慢發酵。酵母的分量不多，但為了讓麵團在烤爐內能夠順利膨脹，因此添加了Golden Mammoth這款特高筋麵粉。天然酵母方面使用的是以小麥培養的魯邦種。與葡萄乾液種相比，會呈現出較好的濕潤口感。提味方面使用了鮮奶油，藉以做出風味濃醇的麵包。

中種
低速攪拌6分鐘，中速攪拌4分鐘
攪拌完成溫度為25℃
放在溫度26℃的地方1小時
放在溫度5℃的地方12小時

攪拌
除了奶油與水果乾，其餘材料低速6分鐘，中速4分鐘
加入冰奶油，低速2分鐘，中速5分鐘
加入水果乾，低速1分鐘，中速1分鐘
攪拌完成溫度為24℃

一次發酵
溫度26℃　2小時
按壓排除空氣
溫度26℃　1小時

分割
350g

最終發酵
溫度30℃・濕度80%　6小時

烘烤
放入紙模裏，以上火190℃、下火180℃烘烤35分鐘

配方
中種
Mont Blanc（第一製粉）	30%
魯邦種	15%
水	10%
Golden Mammoth（第一製粉）	
	70%
即發乾酵母（Saf-instant）	0.5%
鹽（沖繩島鹽Shimamasu）	1.8%
無鹽奶油（幸運草乳業）	40%
特級砂糖	25%
牛奶	15%
38%鮮奶油	10%
全蛋	25%
蛋黃	15%
蘇丹娜葡萄乾	35%
柳橙果皮	10%
有機梨	10%

工具
直立式攪拌機（愛工舍製作所）
層次烤爐（德國MIWE社）

威尼斯麵包
680日圓

L'Atelier du pain

葡萄乾麵包

添加自家製葡萄乾種，讓麵團充滿果香味

提到葡萄乾麵包，首先通常都會聯想到方形的土司麵包。不過這個小圓麵包不僅造型獨特，麵團的製作方式也是與眾不同。第一個特色，就是添加10%洋溢著自然甘甜與水果芳香的自家製葡萄乾種，好讓麵團本身也能夠充滿葡萄乾的甜味與香味。另外不可不提的，就是加入老麵以補強發酵力這一點。使用的老麵通常都是前一天製作棍子麵包剩下的麵團，但是有時剩餘的麵團有股臭酸味，反而會導致反效果，因此這裏使用的是專門為這款麵包製作的老麵。使用百合花法國粉與生種酵母發酵製成的老麵發酵後，只要放入冰箱保存，就可以使用了。加入大量的蛋、牛奶與奶油之後，在麵團裏添加35%顆粒大、糖度高、酸味溫和的莫哈維葡萄乾（Mojave raisin）。這款用料奢侈的麵團，顛覆了一般人覺得葡萄乾麵包平易近人的印象。

老麵

1速攪拌3分鐘，2速攪拌2分鐘
攪拌完成溫度為24℃
溫度27℃、濕度75%，發酵1小時
按壓排除空氣（2次三摺作業）
溫度27℃·濕度75%，發酵90分鐘
放在5℃的地方保存

攪拌

除了奶油與葡萄乾，其餘材料1
速3分鐘，2速5分鐘
加入常溫奶油，以2速攪拌均勻
加入葡萄乾，2速攪拌後，再以
手拌勻
攪拌完成溫度為20℃

一次發酵

溫度21℃·濕度75%　19小時

分割

80g

中間發酵

溫度25℃　30～40分鐘

最終發酵

溫度27℃·濕度75%　1小時

烘烤

用剪刀斜刻地剪出一條切痕
以上火260℃、下火200℃烘烤
12分鐘

配方

老麵
　百合花法國粉（日清製粉）
　　　　　　　　　　　　　　100%
　生種酵母（三共）　　　　　　1%
　鹽（海鹽）　　　　　　　　　2%
　麥芽水　　　　　　　　　　0.6%
　水　　　　　　　　　　　　64%
3 Good（第一製粉）　　　　　50%
Grist Mill（日本製粉）　　　　30%
Mont Blanc（第一製粉）　　　20%
葡萄乾種　　　　　　　　　　10%
老麵　　　　　　　　　　　　8%
鹽（海鹽）　　　　　　　　　2%
麥芽水　　　　　　　　　　0.6%
無鹽奶油（雪印乳業）　　　　10%
蔗糖　　　　　　　　　　　　8%
牛奶　　　　　　　　　　　　20%
全蛋　　　　　　　　　　　　10%
水　　　　　　　　　　　　　40%
莫哈維葡萄乾　　　　　　　　35%

工具

直立式攪拌機（愛工舍製作所）
層次烤爐 Soleo
（法國BONGARD）

迷你葡萄乾麵包
105日圓

Bäckerei Brotheim

葡萄乾土司

添加蘇丹娜葡萄乾，讓滋味變得爽口不膩

明石師傅將他以前在帝國飯店與大倉飯店製作的口味傳統的飯店葡萄乾土司加上了個人風格。他使用的不是甜味濃郁的加州葡萄乾，而是可以讓人品嘗到水果原有酸味的蘇丹娜葡萄乾，並且減少麵團裏的砂糖分量，烘烤出清爽不膩的餘味。扮演著乳化劑角色的蛋占了20%的比例，另外還加上油脂，讓口感更加柔軟。可是如果奶油的分量太多，冷卻之後口感反而會變硬，因此配方裏添加了相同比例的奶油與起酥油，利用起酥油來維持柔軟口感，同時增添奶油的香醇。麵團本身相當柔軟，因此不容易掌握攪拌的時機。製作這種麵團時，必須對發酵還有按壓排除空氣這幾個前面的步驟有明確的概念。為了表示對前人的敬意，因而繼續沿用在80年代屬於飯店主流的生種酵母與乾酵母的製法。

事前準備

製作前一天先將蘇丹娜葡萄乾浸
泡在水裏15分鐘，然後瀝乾水分

攪拌

除了油脂與葡萄乾，其餘材料低
速4分鐘，中速11分鐘，中高速
2～3分鐘
加入常溫奶油與起酥油，中速
3～4分鐘，中高速3～4分鐘
加入葡萄乾，中速1分鐘
攪拌完成溫度為26～27℃

一次發酵

溫度27℃·濕度75%　1小時30
分鐘
按壓排除空氣
溫度27℃·濕度75%　30分鐘

分割

280gx2球（麵團比容積為3.57）

中間發酵

溫度27℃·濕度75%　25～30
分鐘

成形

捲成圓條形，將2球麵團放入
2000cc的土司模裏

最終發酵

蓋上蓋子
溫度27℃·濕度75%　65～70
分鐘

烘烤

上火220℃·下火220℃　25分
鐘

配方

山茶花高筋麵粉（日清製粉）
　　　　　　　　　　　　　　100%
生種酵母（東方酵母工業）　　1%
乾酵母（Saf）　　　　　　　　0.5%
預備發酵用的水　　　　　　　3%
鹽　　　　　　　　　　　　　2%
麥芽糖漿　　　　　　　　　0.3%
細砂糖　　　　　　　　　　　8%
森永丸特奶油（無鹽·森永乳業）
　　　　　　　　　　　　　　5%
起酥油　　　　　　　　　　　5%
全蛋　　　　　　　　　　　　20%
脫脂奶粉　　　　　　　　　　3%
水　　　　　　　　　　　　　65%
蘇丹娜葡萄乾　　　　　　　　45%

工具

直立式攪拌機（Eski Mixer）
層次烤爐（法國BONGARD）

葡萄乾土司
1條 660日圓
1/2條 335日圓

Boulangerie Parisette

綜合麵包

多些天然酵母的分量，揉和出沉重的麵團

　　添加了許多核桃與葡萄乾的麵團會顯得非常沉重，而且不容易發酵，因此特地做出加入略多天然酵母的專屬麵團，並且利用酵母「讓麵團更加緊實的力量」，來預防麵團變得鬆弛。這是一款可以充分品嘗到酵母風味的麵團，因此必須使用最佳狀態的麵團才行。另外，麵團如果過度揉和的話會變得鬆弛，因此判斷攪拌完成的時間點非常重要，這樣就能夠烤出飽實但不會過重，同時又可以充分品嘗到酵母香醇風味的麵包。

　　為了做出不輸配料香濃滋味的風味，因而特地挑選充滿特色的麵粉。裸麥麵粉方面，使用芳香馥郁的石臼研磨全粒粉。粗粒全麥麵粉方面，是將硬質小麥整粒研磨而成。從麵粉就可以直接感受到全麥麵粉的芳香。店內還有加了山葡萄乾與烘核桃的核桃葡萄乾麵包，以及加了柳橙果皮與4種葡萄乾的橙皮葡萄乾這兩種不同口味的麵包。

事前準備		
將熱水倒入粗粒全麥麵粉裏，用橡皮刮刀拌和 置於冰箱一晚		

攪拌		
低速5分鐘，高速2分鐘 攪拌完成溫度為25℃		

一次發酵		
溫度29℃・濕度75%　2小時30分鐘		

分割		
400g		

中間發酵		
溫度29℃・濕度75%　20分鐘		

成形		
整成15cm長		

最終發酵		
溫度29℃・濕度75%　90分鐘		

烘烤		
劃上4條割痕 前蒸氣、後蒸氣 上火240℃・下火220℃ 25分鐘		

配方	
百合花法國粉（日清製粉）	50%
Terrior（日清製粉）	10%
Brocken（大陽製粉）	20%
粗粒全麥麵粉（日清製粉）	20%
粗粒全麥麵粉專用熱水	20%
天然酵母	50%
粗鹽	2.5%
麥芽糖漿	0.3%
水	52%

※每280g的麵團加入70g的葡萄乾、50g烘過的核桃

工具
螺旋型攪拌機（Kotobuki Baking Machine）
層次烤爐（Kotobuki Backing Machine）

核桃葡萄乾麵包
590日圓

金麥

葡萄乾麵包

透過水量與長時間攪拌做出柔軟口感

　　在宛如絲綢般柔順的麵團裏，加入50%的蘭姆酒漬葡萄乾一起揉和。水潤的葡萄乾會毫不突兀地融入這個口感濕潤柔和的麵團裏。當中的水量非常多，光是水與牛奶加起來就有67%，另外還要再加上15%的全蛋。攪拌時的重點，就是總共要花上24分鐘，時間相當長。放入土司模裏烘烤的話，麵包邊常常會因為太厚而讓口感變得有點硬，因此這裏是將麵團滾成圓筒狀之後直接烘烤。如此一來，不但可以縮短烘烤時間，還能烤出非常薄的外層，而且不會影響內層的口感。現在烘烤大的葡萄乾麵包時，會撒上細砂糖，讓口感更富有變化。撕成小塊品嘗固然美味，但是吃之前切片稍微烤過的話，味道會更加香濃。塗上奶油之後，醬汁完全滲入麵包裏的濕潤口感堪稱人間美味。

攪拌		
除了奶油與葡萄乾，其餘材料1速5分鐘，2速15分鐘 加入常溫奶油，2速3分鐘，3速1分鐘 分2次將葡萄乾倒入，以1速攪拌均勻 攪拌完成溫度為26℃		

一次發酵		
溫度28℃・濕度75%　1小時30分鐘 按壓排除空氣 溫度28℃・濕度75%　20分鐘		

分割		
150g		

中間發酵		
溫度28℃・濕度75%　20分鐘		

成形		
整成橄欖形		

最終發酵		
溫度28℃・濕度75%　50分鐘～1小時		

烘烤		
在正中央劃上一條割痕 撒上細砂糖 上火250℃・下火220℃　8分鐘		

配方	
金帆船（日本製粉）	50%
オテル（Oteru）（星野物産）	50%
生種酵母（三共）	2%
鹽（伯方鹽）	1.8%
紅糖	10%
無鹽奶油	6%
全蛋	15%
牛奶	15%
水	52%
蘭姆酒漬葡萄乾	50%

工具
直立式攪拌機（Eski Mixer）
烤爐（榮和製作所）

葡萄乾麵包　350日圓

Les entremets de kunitachi

控制糖分，烘烤出適合搭配果醬的好滋味

　　這是在A. Lecomte修業初期學到的其中一款麵包。這款麵包通常會讓人以為是硬麵包，不過鯰澤師傅的核桃麵包口感卻十分鬆軟順口。他的目標就是想要搭配自家製的果醬時，可以感受到頂級美味的風味。可是葡萄乾的分量如果太多，甜味會變濃，如此一來，發酵的速度就會變快，因此從A. Lecomte時代起，他就盡量掌控用量。這麼做的好處，就是爐內膨脹會因為麵團糖分含量少而進行地非常順利，進而烘烤出膨鬆的口感。加上砂糖與奶油的分量都減少了，更能夠品嘗到簡樸的風味。

　　想要做出直接食用亦相當美味的麵包時，只要將當中的糖換成黑糖或紅糖，風味即會變得十分醇厚。為了加強日本人喜歡的濕潤感，還增加了以黑棗（Prune）培養的天然酵母分量。如此一來，烤好的麵包就會比使用葡萄乾種的麵包還要細膩、鬆軟與濕潤。

攪拌
將麵粉、鹽、細砂糖、麥芽糖漿與水，以低速攪拌1分30秒～2分30秒 加入魯邦三號種，中速3分鐘 加入髮油狀的奶油，中速2分鐘 加入核桃和葡萄乾，低速攪拌均勻 攪拌完成溫度為25℃～26℃

一次發酵
溫度26～28℃　2小時 按壓排除空氣 溫度26～28℃　20～30分鐘

分割
400g

中間發酵
溫度26～28℃　20～30分鐘

二次發酵
溫度28℃　2小時

烘烤
200℃　40分鐘

配方

Mont Blanc（第一製粉）	100%
粗鹽	2%
魯邦三號種	100%
麥芽糖漿	2.5%
細砂糖	7.5%
無鹽奶油	8%
水	65%
核桃	35%
葡萄乾	35%

工具
直立式攪拌機（Hobart Japan）
層次烤爐（Pavailler）

核桃麵包
630日圓

---

pointage

複雜的滋味突顯出核桃的芳香

　　這是一款組合了風味獨特的食材、富有田園風趣的餐點麵包。氣味香濃的豬油、風味醇厚的馬鈴薯泥、沒有酸味且果味馥郁的葡萄乾液種、芳香無比的石臼研磨麵粉與裸麥麵粉。從這股豐富的滋味裏可以品嘗到自然的甘甜，讓烘烤過的核桃顯得更加香濃馥郁。只靠天然酵母的力量來發酵或許會讓人覺得有些不安，因此這裏加上特地製作的老麵，並且置於常溫底下長時間發酵。如此一來，發酵不但會比較安定，麵團還會因為熟成而釋放出甘甜香氣，讓風味變得富有層次。另外，再加上非常適合搭配核桃的牛奶，讓整體滋味更加一致，進而變化成圓醇的風味。除了核桃，這款麵團也非常適合添加香氣濃郁的食材，例如栗子與水果乾，而加入巧克力、起司，或胡椒揉和烘烤也相當美味。

老麵
1速攪拌6分鐘 溫度26℃發酵1小時 按壓排除空氣發酵2小時 溫度5℃發酵15～16小時

攪拌
除了豬油、老麵與核桃，其餘材料低速3分鐘 加入豬油、老麵與核桃，1速1分鐘 攪拌完成溫度為22℃

一次發酵
溫度26℃　16小時

分割
70g

中間發酵
溫度26℃　20～30分鐘

成形
重新滾圓

最終發酵
溫度28℃・濕度85%　90分鐘

烘烤
前蒸氣 上火250℃・下火200℃　16分鐘

配方

百合花法國粉（日清製粉）	75%
Grist Mill（石臼研磨麵粉）	20%
メールダンケル（Meru Dankeru） （日清製粉）	5%
葡萄乾液種	5%
鹽（沖繩島鹽Shimamasu）	2%
麥芽糖漿	0.2%
蜂蜜	3%
豬油	3%
馬鈴薯泥	20%
牛奶	20%
水	50%
烘過的整顆核桃	35%
老麵（只使用3%）	
百合花法國粉（日清製粉） 	100%
即發乾酵母（Saf-instant）	0.6%
鹽（沖繩島鹽Shimamasu） 	2%
麥芽糖漿	0.3%
水	66%

工具
直立式攪拌機（愛工舍製作所）
層次烤爐（德國MIWE社）

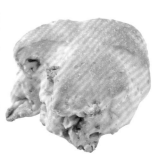

核桃麵包
105日圓

充分了解如何應用與活用
麵包麵團變化圖鑑

將配料與麵團一起揉和、夾在裏面、包裹起來……。

麵包麵團的口味變化可以隨著創意無限擴展。

我們網羅了各家麵包店的商品，試著介紹麵包麵團的活用法。

商品名稱下方記載著基本的麵團，

這些充滿創意的變化，應該會有不少值得我們學習的地方。

全麥核桃麵包
90日圓

全麥麵包麵團　第31頁

全麥麵粉的顆粒感與核桃的芳香，烘烤出這款風味圓醇的軟麵包。

卡士達蜂巢麵包
180日圓

布里歐麵包麵團　第52頁

意指「蜂巢」的傳統口味麵包，讓人感受到法國人對於麵包名稱也十分講求趣味。其他還有巧克力與奶油核桃等口味。

PANTECO
松岡 徹

店家・師傅介紹請見第94頁

水果裸麥麵包
420日圓

裸麥麵包麵團　第28頁

與葡萄乾、核桃、伊予柑皮一起揉和的麵團。是用來夾起司的基本口味麵包。

香檳麵包
60日圓

法國麵包麵團　第8頁

頂端薄脆的帽子部分，加上酥脆的外層與柔軟的內層，讓人可以同時享受到3種不同的口感。

炸雞排三明治
650日圓

胚芽土司麵團
第17頁

奢侈地用了150g的津輕土雞肉。胚芽的芳香突顯出油脂的甘甜。亮點就是加了蘋果泥的特調醬汁。

煙燻牛肉三明治
450日圓

維也納麵包麵團　第41頁

搭配柔軟的麵包，裏頭夾了瑪利波起司（Maribo Cheese）、煙燻牛肉、番茄、芝麻菜與黃芥末醬，用料豐盛的三明治。

nemo Bakery & Cafe
根本孝幸

店家・師傅介紹請見第102頁

艾曼塔乾酪麵包
260日圓

普利亞麵包麵團　第37頁

將風味溫醇的瑞士產艾曼塔乾酪揉和在麵團裏，再用原味麵團包裹起來。這樣就可以當作葡萄酒的下酒菜了。

藍莓派餅
150日圓

布里歐麵包麵團　第50頁

鋪上卡士達奶油醬、藍莓與奶油烘烤而成的麵包。口感酥脆，另外再添加優格品嘗也相當美味。

巧克力麵包
240日圓

可頌麵包麵團　第45頁

Cacao Barry的巧克力非常適合搭配口感酥脆的麵團。屬於最能夠發揮該店可頌麵包麵團特色的麵包。

肉泥三明治
600日圓

棍子麵包麵團　第8頁

裏頭夾了用豬里肌與津輕土雞做成的自製肉泥。醃小黃瓜的口感與酸味為這款三明治增色不少。

葡萄乾可頌
179日圓

可頌麵包麵團　第47頁

奢侈地加了許多葡萄乾，分量多到麵包表層可見。塗上一層薄薄的奶油，甜味更加香醇順口。

巧克力麵包
189日圓

可頌麵包麵團　第47頁

基本口味的可頌麵包。略帶焦香味的Baton巧克力讓麵團顯得更加酥脆。

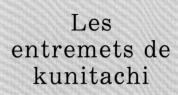

Les entremets de kunitachi
紛澤信次

店家・師傅介紹請見第93頁

Coeur Sauvage
210日圓

布里歐麵包麵團　第50頁

在捏成圓盤形的麵團裏挖出凹洞，並填滿雙倍奶油。發酵乳的酸味讓麵包體入口即溶的口感更加出色。

卡士達奶油麵包
210日圓

布里歐麵包麵團　第50頁

加了香草的卡士達奶油醬再另外搭配10%的杏仁片，做出芳香濃郁的專屬奶油餡。

蝴蝶餅
（鹹味&胡椒）210日圓

工房白土司麵團　第15頁

人氣商品蝴蝶餅因為酵母發揮作用，可以持續保持濕潤口感。這款蝴蝶餅還能夠做成三明治，口味獨特而且變化多端。

無花果麵包
180日圓

鹹味麵包麵團　第37頁

大膽地以新鮮無花果為配料。Q彈的麵團與水潤的水果創造出令人驚豔的美味。

麵包工房
風見雞
福王寺 明

店家・師傅介紹請見第96頁

紅豆麵包
（豆沙）190日圓

奶油餐包麵團　第42頁

可以品嘗到入口即溶的紅豆泥和濕潤的麵包體合而為一的整體感。夏天時，將麵包冰過再吃也很美味。

菠菜起司丁貝果
200日圓

貝果麵包麵團　第39頁

風味溫和的麵團加上充滿存在感的起司丁，做出鹹味適度又富有嚼勁的貝果。

可頌三明治
230日圓

可頌麵包麵團　第46頁

出爐之後即使放到隔天，水分也不會散失，口感更是不變，拿來做三明治是再適合不過了。香甜的麵團讓火腿的風味更加深邃。

扁豆豬肉咖哩麵包
210日圓

布里歐麵包麵團　第53頁

裏頭填滿了彷彿是法式料理廚師親手烹調的
特製餡料。番茄醬汁與洋蔥的甜味中散發出
一股濃濃的孜然香。

核桃麵包
178日圓

白土司麵團　第14頁

風味馥郁的麵團將烘過的核桃襯托地更加芳
香。核桃小麵包裏還添加了葡萄乾。

Cupido!
東川 司

店家・師傅介紹請見第101頁

巧克力麵包
242日圓

可頌麵包麵團　第46頁

這款奢侈的麵包裏包了3條Valrhona的Baton
巧克力。而且還使用沒有特殊風味的奶油，
讓巧克力的風味更加出色。

巨無霸起司麵包
399日圓

家常棍子麵包麵團　第10頁

這是在法國麵包裏夾入香醇的起司與火腿的
基本口味三明治。酥脆的麵包體吃起來非常
順口。

無花果麵包
100g 180日圓

法國鄉村麵包麵團　第20頁

麵團溫和的酸味突顯出無花果的甜味。這個
相乘效果讓麵團的風味更加深邃。

潘朵拉
250日圓

甜麵包麵團　第44頁

熱門的基本口味麵包。加了卡
士達奶油醬的麵團裏包了滿滿
的巧克力豆，上面還撒上杏
仁，讓氣味更加芳香。

雜糧麵包
（迷你）70日圓

雜糧土司麵團　第15頁

讓人試吃品嘗的迷你麵包。外
層較厚，不過風味卻比土司還
要芳香。

巧克力蔓越莓貝果
190日圓

貝果麵包麵團　第39頁

苦苦的巧克力麵團裏加了滿滿
的蔓越莓乾，讓這款貝果品嘗
起來充滿酸味與水潤風味。

BOULANGERIE
ianak
金井孝幸

店家・師傅介紹請見第103頁

法國鄉村千層麵包
220日圓

法國鄉村麵包麵團　第23頁

以製作可頌麵包的要領將奶油起司與麵團摺
合，製作出嚼勁獨特的口感。

熱狗長棍麵包
220日圓

棍子麵包麵團　第11頁

麵團中裹了一整條長長的熱狗、分量飽滿的
麵包。撒上黑胡椒，讓滋味更加香辣。

蘋果紅茶丹麥麵包
250日圓

可頌麵包麵團　第49頁

這款添加了紅茶風味的杏仁奶油讓人聯想到
蘋果茶。丹麥麵包只要經過高溫短時間烘
烤，就能夠展演出酥脆的口感。

黑豆黑糖豆漿土司
360日圓

豆漿白土司麵團　第18頁

包了黑豆與黑糖、風味香醇的日式口味土司。上頭滿滿的罌粟籽讓這款土司的日式口味更加深厚。

京都蔬菜與自家製培根佛卡夏
330日圓

佛卡夏麵團　第36頁

這款麵團裏並不添加馬鈴薯泥，而是利用簡單的風味展現出食材的滋味。培根的芳香將京都蔬菜的細膩風味完全襯托出來。

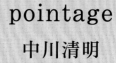

pointage
中川清明

店家・師傅介紹請見第97頁

土耳其白無花果
丹麥麵包　230日圓

丹麥麵包麵團　第44頁

在杏仁奶油餡上奢侈地鋪上一層紅酒燉煮的白無花果。葡萄酒淡淡的酸味讓整個麵包的風味更加深邃。

蔓越莓麵包
245日圓

核桃麵包麵團　第57頁

在風味複雜的麵團裏添加奶油起司與蔓越莓乾的酸味，可以讓滋味更扎實。

法國鄉村麵包
230日圓

經典棍子麵包麵團　第12頁

沒有整形，直接烘烤，讓人能夠大快朵頤地享受波蘭法做成的麵團所帶來的口感與濕潤。

白金紅豆麵包
200日圓

英國土司麵團　第17頁

裏頭包了紅豆粒、杏桃乾，還有奶油起司。是款撒了上新粉、烘烤得白晰的人氣商品。

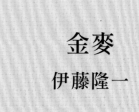

金麥
伊藤隆一

店家・師傅介紹請見第99頁

瓦倫西亞麵包
400日圓

裸麥麵包麵團　第26頁

加了感覺很常見，但其實出現機率並不多的橙皮。清爽的芳香與酸甜的風味讓這款麵包顯得順口，搭配奶油起司更是絕配。

卡士達奶油麵包
180日圓

牛奶麵包麵團　第41頁

使用的是飯店用蛋、香草、砂糖、牛奶熬煮的道地卡士達奶油醬，冷藏之後再上架販賣。冰涼地吃亦十分美味。

火腿起司可頌麵包
200日圓

可頌麵包麵團　第45頁

成形方式跟大倉飯店的製法一樣。另外還有熱狗可頌麵包、火腿起司可頌麵包，以及巧克力可頌麵包。

蜜糖蘋果麵包
230日圓

布里歐麵包麵團　第52頁

將卡士達奶油醬塗抹在擀平的麵團上，新鮮蘋果片排放好之後，撒上一層細砂糖再送入烤爐裏稍微烘烤。

法國核桃鄉村麵包
480日圓

法國鄉村麵包麵團　第21頁

奢華地使用了法國最高品質、產自格勒諾布爾（Grenoble）的核桃。品嘗起來沒有苦澀味，取而代之的是圓醇芳香的滋味。

布列塔尼奶油麵包
260日圓

可頌麵包麵團　第47頁

熟悉布列塔尼（Bretagne）傳統點心的兩個人的自信傑作。表面厚厚的焦糖與酥脆的麵團吃起來輕脆無比。

patisserie Paris S'eveille

金子美明
金子則子

店家・師傅介紹請見第98頁

無花果全麥土司
700日圓

全麥土司麵團　第19頁

內含顆粒碩大的無花果乾。無花果的圓醇甘甜之中夾雜著酵母的酸味，展演出爽口不膩的風味。

俄羅斯洋蔥麵包
500日圓

俄羅斯麵包麵團　第29頁

製作時的重點，就是揉和在麵團裏的洋蔥要撒上鹽，好讓風味更加濃郁。如此可完全提引出甜味，洋蔥的滋味也會變得更加豐富。

紫蘇茄乾培根拖鞋麵包
320日圓

拖鞋麵包麵團　第35頁

以紫蘇這款代表日本的香草植物取代羅勒葉，揉入麵團裏，烘烤出清爽不膩的餘味。

橄欖棍子麵包
280日圓

經典棍子麵包麵團　第9頁

裏頭添加了20%的黑橄欖與橄欖油，風味馥郁的麵包。如果再加入少量大蒜粉與奧勒岡的話，滋味會更加扎實。

Bon Vivant

兒玉圭介

店家・師傅介紹請見第104頁

蜂蜜蛋糕麵包
180日圓

甜麵包麵團　第43頁

裏頭的餡料竟然是摩卡蛋糕捲。此外還添加了自家使用那須御養蛋製成的卡士達奶油醬，讓這款甜麵包的滋味更加馥郁。

羅克福乾酪田園麵包
2000日圓

波爾多法國田園麵包麵團　第33頁

將風味獨特的羅克福乾酪有如製作可頌麵包般，層層摺入麵團中，烘烤出芳香無比的麵包。濃厚的滋味非常適合搭配紅葡萄酒。

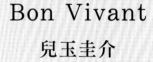

巧克力糖栗洛代夫麵包
1個　1200日圓

洛代夫麵包麵團　第25頁

將巧克力與糖煮栗子加入麵團裏，揉和出黑色的洛代夫麵包麵團。麵團淡淡的酸味與巧克力的苦味讓風味更加獨特。

無花果鄉村麵包
200日圓

法國鄉村麵包麵團　第20頁

將紅葡萄酒醃漬過的無花果揉和在麵團裏、
芳香無比的法國鄉村麵包。切片販賣的麵包
足足有半條的分量。

Pain Perdu Half
160日圓

經典棍子麵包麵團　第12頁

讓風味溫和的蛋液整個滲入麵
團內部，再下鍋煎過的麵包。
略甜的滋味以及芳香的杏仁片
令麵包增色不少。

Les Cinq Sens
德力安・艾曼紐
川田興大

店家・師傅介紹請見第100頁

起司拖鞋麵包
160日圓

拖鞋麵包麵團　第35頁

將切成小塊的紅色巧達起司與
麵團一起揉和，上面再放些起
司片。不管從哪裏入口，都能夠
品嘗到巧達起司的濃郁芳香。

亞爾薩斯三明治
380日圓

法國雜糧麵包麵團　第32頁

含有碎肉塊的熱狗、德國酸
菜、起司，以及第戎芥末醬
（moutarde de Dijon）搭配出滋
味絕妙、酸味濃郁的三明治。

法國鄉村亞麻小麵包
150日圓

法國鄉村麵包bio麵團　第22頁

將有機亞麻與麵團一起揉和之
後烤成手掌大，讓外層更加芳
香酥脆。

鮪魚三明治
380日圓

拖鞋麵包麵團　第34頁

利用鮪魚、萵苣與番茄做成的
水潤三明治。現點現做，可以
自由挑選配料。

Katane Bakery
片根大輔

店家・師傅介紹請見第105頁

格魯耶魯可頌麵包
180日圓

可頌麵包麵團　第48頁

裏頭包了滿滿的香鹹格魯耶魯
起司丁。這款可頌麵包品嘗起
來非常濕潤，而且口感獨特。

葡萄乾麵包
190日圓

布里歐麵包麵團　第51頁

毫不吝惜地包了滿滿的卡士達
奶油醬，呈現出上等的濕潤口
感。散發出蘭姆酒香的芳醇葡
萄乾讓這款麵包洋溢著屬於大
人的滋味。

核桃山葡萄麵包
160日圓

裸麥麵包麵團　第29頁

麵團裏加了烘過的芳香核桃與
山葡萄乾。為了方便早餐食
用，因而刻意把麵包烤得小一
點。

帕芙麵包
200日圓

長時間發酵的法國麵包麵團
第13頁

切成像法國鄉村麵包那樣的四
角形，烘烤之後。可以品嘗到
柔軟的內層及不同於棍子麵包
的Q彈口感。

起司麵包
320日圓

P.棍子麵包麵團　第9頁

不管是麵團裏還是表層都可以嘗到用料豐富的艾曼塔乾酪。為了避免味道變苦，麵團只有稍微烘烤，讓起司的甘甜滋味洋溢而出。

Boulangerie Parisette
塩塚雅也

店家・師傅介紹請見第106頁

燻鮭菠菜鹹派
360日圓

可頌麵包麵團　第48頁

利用剩餘麵團烤成芳香酥脆的法式鹹派。麵糊裏加了大量的蛋與鮮奶油，製作出濃厚奢侈的風味。

橙皮葡萄乾麵包
590日圓

綜合麵包麵團　第56頁

將蘇丹娜葡萄乾、綠葡萄乾、山葡萄乾、加州葡萄乾這4種風味截然不同的葡萄乾，與柳橙果皮放入麵團裏揉和烤成的麵包。

卡士達奶油麵包
170日圓

甜麵包麵團　第43頁

內餡滿滿都是添加了香草豆、自家製成的芳香濃郁卡士達奶油醬。分量飽滿的卡士達奶油麵包。

楓糖山核桃德國麵包
900日圓　半條450日圓

德國麵包麵團　第27頁

這款麵包的特色在於與麵團一起揉和、香甜不膩的楓糖漿滋味。此外還添加了澀味少、芳香無比的整粒山核桃。

可頌泡芙
250日圓

可頌麵包麵團　第49頁

將麵團填入半圓形的杯子裏使其膨脹成球形，接著再填入滿滿的生卡士達奶油餡。是款口感膨鬆輕脆的泡芙。

nukumuku
與儀高志

店家・師傅介紹請見第108頁

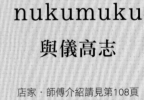

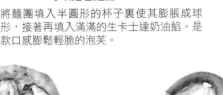

羅勒雞肉三明治
420日圓

玉米土司麵團　第16頁

組合了顆粒芥末醬的酸味、玉米的甜味與羅勒的香味，讓鮮嫩多汁的雞肉更加甘甜。

天然酵母鹹麵包
310日圓

法國鄉村麵包麵團　第21頁

將茄子與鮪魚鋪在圓盤狀的薄麵團上，淋上巴沙米可醬汁之後再烘烤。巴沙米可醋的酸味讓麵包散發出獨特風味。

蝴蝶餅（起司）
200日圓

蝴蝶餅麵團　第40頁

鋪上起司、烤得酥脆的蝴蝶餅，品嘗起來像是在吃點心。口味扎實，當作啤酒或葡萄酒的下酒菜也相當適合。

甜甜圈
（覆盆莓）160日圓

奶油餐包麵團　第42頁

濕潤、Q軟，口感獨特的炸甜甜圈。表層淋了覆盆莓果醬與糖霜。

穗花麵包
240日圓

經典棍子麵包麵團　第11頁

培根的油脂整個融入麵團裏、散發出濃郁甘甜滋味的穗花麵包。外層十分酥脆芳香，而且越嚼越有味。

鬍鬚麵包
290日圓

法國鄉村麵包麵團　第22頁

法國版的紅豆麵包。麵團裏用糖煮栗子來取代紅豆泥，烘烤時表層再撒上黑芝麻。

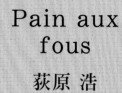

Pain aux fous
荻原 浩

店家・師傅介紹請見第107頁

核桃全麥麵包
360日圓

全麥麵包麵團　第31頁

滋味平順，洋溢著充滿奶香味的核桃風味。建議切成薄片、夾上卡蒙貝爾起司享用。

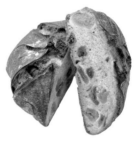

蜂蜜魯邦麵包
600日圓

魯邦麵包麵團　第24頁

將無花果乾與杏桃用蜂蜜醃漬之後再與麵團揉和。蜂蜜的甜味讓麵包的風味更加香醇。

尼斯佛卡夏
210日圓

佛卡夏麵團　第36頁

麵團裏有用料豐富的自家製番茄乾與黑橄欖。淡淡的酸甜風味洋溢著南法的清爽滋味。

洛代夫水果麵包
1/4個　420日圓

洛代夫麵包麵團　第25頁

在麵團裏揉入草莓乾、綠葡萄乾及山核桃，另外再加上濃厚的奶油，口感有如點心的麵包。

L'Atelier du pain
三橋 健

店家・師傅介紹請見第109頁

法國橄欖鄉村麵包
190日圓

法國田園麵包麵團　第33頁

麵團裏加了黑綠兩種橄欖一起揉和，散發出可以直接當作葡萄酒下酒菜的最佳鹹味。

卡士達牛角麵包
190日圓

布里歐麵包麵團　第51頁

裏頭填滿了自家製的卡士達奶油醬。滑順的麵團與奶油醬創造出令人心滿意足的麵包。

抹茶大納言
1個　295日圓

貝果麵包麵團　第38頁

只有這款貝果在麵團裏添加砂糖。抹茶口味的麵包中滿滿都是顆粒碩大的紅豆。

義大利拖鞋麵包
小　160日圓

棍子麵包麵團　第13頁

每300g麵團就加入15g特級初榨橄欖油。不刻意將麵團裏的橄欖油攪拌均勻，以便烘烤出花紋。

基本麵團的
製作技巧

專業麵包師傅不可不知、

最具代表性的 6 種麵包麵團基本作法。

本章節由「東京製菓學校」的麵包科教師高江直樹

告訴大家最具代表性的製法：

直接法、中種法，與隔夜法。

直接法	法國麵包、奶油餐包
中種法	土司、甜麵包
隔夜法	布里歐麵包、可頌麵包

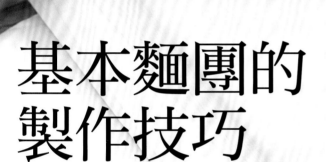

高江直樹

1966年出生於北海道根室。北海道中央調理師專門學校畢業後進入「Giraud Restaurant System」擔任副廠長。曾在神奈川「Sundoll」鑽研且累積經驗，並協助成立「バッケン・グリュースゴット」。擔任6年的麵包師傅之後，2001年起在「東京製菓學校」執鞭。曾於第八屆「加州葡萄乾新商品開發比賽」榮獲獎項，並且在電視節目「電視冠軍麵包職人選手權」中獲勝，還曾經在「使用法國產小麥的棍子麵包比賽」當中榮獲審查員特別獎，得獎經驗豐富。

東京製菓學校

由麵包科、西點科與日本點心科等不同專業的學科所構成，實現專業性極高的教育。80%以上的實際技巧與實踐形式的上課方式，目標就是希望培養出能夠立刻派上用場的人才。麵包科方面，除了積極讓學生體驗利用引以為傲的石窯與自家製天然酵母的實習課，還聘請法國MOF麵包專業師傅授課，甚至提供到德國研習的機會，讓學生得以吸收廣泛的知識與技巧。

地址 東京都新宿高田馬場1-14-1
電話 03-3200-7171
網址 http://www.tokyoseika.ac.jp/

直接法

　　所有材料一次揉和做成麵團的方法。麵粉的風味與發酵讓麵團更容易釋出甘甜滋味，非常適合副材料比較少、口味簡單的麵包。這種方式的步驟少，因此麵團的處理方式會大大地影響到成品，堪稱鍛鍊技術的製法。與中種法相比，缺點就是麵團老化的速度會比較快，尤其是外層非常容易變硬。

法國麵包

　　只使用麵粉、鹽、水與酵母製作，配方最基本的麵包。正因為是簡單的麵團，製作完成的麵團風味會毫不保留地呈現出來，所以每個步驟都要小心謹慎。這裏要介紹的是使用讓麵粉水合的自我分解法來讓風味更加豐富的製法。

配方

法國麵包專用粉	100%
（灰分0.4～0.45，蛋白質10～11.8%）	
麥芽糖漿	0.2%
水	66～71%
即發乾酵母	0.35～0.7%
（生種酵母的話為1.05～2%）	
食鹽	2%

攪拌

麵粉、麥芽糖漿、水與即發乾酵母
以低速攪拌2分鐘
自我分解法進行15分鐘
低速攪拌1分鐘，加鹽之後再以低速攪拌3分鐘，中速攪拌1分鐘
（使用生種酵母的話在此時加入，低速攪拌1分鐘，加鹽之後再以低速攪拌3分鐘，中速攪拌1分鐘）
攪拌完成溫度為22～24℃

一次發酵

溫度27℃・濕度75%　120分鐘
按壓排除空氣
溫度27℃・濕度75%　60分鐘

分割

350g

中間發酵

室溫　25～30分鐘

成形

整成約55～65cm的棒狀

最終發酵

溫度27～28℃・濕度80%　70～80分鐘

烘烤

割痕5～7條
放入溫度235～240℃的烤爐裏，灌入前蒸氣，烘烤28～33分鐘

5 撒上手粉，按照左右前後的順序將
麵團摺疊起來，壓除一次空氣。壓
除空氣這個步驟可以穩定麵團的溫
度，並且提供新的氧氣，進而促進
麵團發酵，同時強化麩質。

Point

要將麵團裏絕大部分的空氣壓除
時，只要輕輕拍打就好，不需用力
壓揉。質地比較柔軟，或是尚未完
全發酵的麵團如果硬拉摺疊的話，
反而會加速麩質的形成。另外，將
麵團放入深窄的發酵盒裏也會增加
麵團的彈性。

6 翻面讓平滑的那一面朝上，再次進
行發酵。

2 麵團自我分解之後的狀態。延展性
變得非常好。不管是1小時還是一
個晚上，自我分解的時間越長，麩質變得
越軟，麵團也越有彈性。

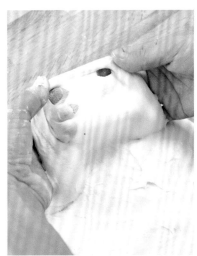

3 加入剩餘的材料攪拌。雙手拉開
麵團，如果可以拉成薄薄的、稍微
有點破裂的狀態，就代表軟硬度剛好。

一次發酵・壓除空氣

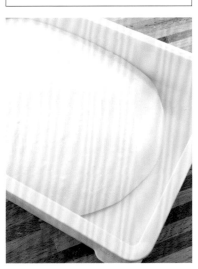

4 將麵團放在通年溫度與濕度都固定
的環境發酵。麵團的溫度以每1小
時上升1℃為理想。進行發酵時，有時會
在塑膠盆裏塗抹油脂，讓麵團更容易取
出；但配方裏如果沒有添加油脂的話，最
好不要塗。

攪拌

1 進行自我分解法。先混合麵粉、水
與麥芽糖漿，接著撒上即發乾酵母
並放置不動。只要促進小麥進行
水合作用，就能夠增加麵團的延展
性，藉以縮短攪拌時間。如此一來
可以預防麵團氧化，並且讓風味變
得更好。此外，麵團延展性增加的
話，烘烤的時候就不會回縮。

Point

麵團在進行自我分解之前的狀態。只
要一拉，就會輕易斷裂。此時不加入會
讓麵團回縮的鹽、酵母，與會促進氧化
的維他命C。不過即發乾酵母因為是處
於乾燥狀態，通常都會加水使其溶解；
一旦經過15分鐘，酵母就會開始發揮
作用。當自我分解法進行的時間比較
長時，在結束前15分鐘加入即可。

11 將外側的麵團朝手邊蓋。

9 撒上手粉，將麵團放在上面，接著翻面讓麵團整個沾上麵粉。以把麵團朝中間擠壓的方式將裏頭的空氣拍打出來。

7 不要太常拉扯，否則會傷到麵團，盡量在1～2次之內把麵團切成想要的重量。輕輕拍打麵團，一邊壓除空氣，一邊將麵團捲起。

12 按壓麵團，使兩邊變得飽滿。接口如果朝上，就緊緊壓住這個部分。

10 將麵團從手邊朝外折2/3，麵團尾端略朝手邊按壓，如此一來，靠手邊的麵團就會變得飽滿。

8 將平滑的那一面朝上，麵團滾成長條形，讓表面變得飽滿。進行中間發酵，讓破損的麵團恢復原狀。

Point

成形的時候要留意的是，必須讓麵團隨時保持飽滿的狀態。只要保持飽滿的狀態，就能夠提升保留空氣的力量，並且有助於麵團在爐內膨脹。

Point

從中央朝外輕輕地把麵團拉長到某個程度的細長形。成形的時候，如果突然把麵團拉細，麩質會因為承受不了壓力而遭到破壞，這樣無法塑整出美麗的形狀。

烘烤

16 烘烤之前先讓烤爐充滿蒸氣,使烤爐裏的熱度因此變得柔和,這樣不但可以預防外層硬化,還能夠將爐內膨脹的效果提高至極限。另外,麵團外層也會變得更加酥脆且充滿光澤。但要注意的是,蒸氣過多的話,麵團反而會變得太韌。放入一般烤爐時,裏頭的蒸氣非常容易流失,因此麵團入爐之後要繼續灌入蒸氣。麵包烤好後如果發出嗶嗶波波的聲音,就代表烤得很成功。

割痕

15 劃入割痕時,刀片要稍微傾斜並且用邊角切,這樣線條會比較美麗。只要沿著表皮輕輕劃過就好,不需切入太深。每一條割痕的長度與深度都必須一樣。

Point

劃割痕時,盡量從另外一條割痕的1/4～1/3處開始劃,傾斜角度不需太大,盡量與麵包的長度平行。割痕之間重複的部分太多,或角度太過傾斜的話,裂縫會無法張開,導致麵包難以膨脹。相反地,重複的部分太少的話,割痕會斷裂,烤不出美麗的紋路。

13 對摺,接縫處朝下,一邊上下滾動麵團,一邊從正中央朝外把麵團拉成細長形。滾動的時候要盡量讓麵團處於飽滿的狀態。

14 將麵團塑整成筆直的形狀,放在布(帆布)上醒麵,進行最終發酵。

Point

拉麵團的時候,感覺要像一邊壓除多餘的空氣,一邊讓表面變得飽滿。只要表面變得飽滿,割痕就會順利張開,這樣爐內膨脹也會進行得比較順利,進而烘烤出分量飽滿的麵包。可以的話,盡量減少雙手觸碰的時間,以免破壞麵團。

隔夜法製作的法國麵包

近年來受到大家矚目的，就是減少酵母用量，花時間慢慢發酵製成的法國麵包。利用這種方式做成的法國麵包最大的特色，就是澱粉會在發酵的這段期間慢慢糖化，進而讓麵包的滋味更加香甜，而且甘味還會因為熟成而變得濃厚。長時間的發酵讓麵粉容易進行水合，加上可以加入較多的水，因此可將麵團烘烤出充滿嚼勁的口感。這種方法能讓麩質軟化，與直接法相比，麵團會比較軟，故成形時必須多使用一些手粉，並讓麵團膨脹飽滿。

攪拌

麵粉、麥芽糖漿、水與即發乾酵母以低速攪拌2分鐘
自我分解法進行15分鐘
加鹽，低速3分鐘，中速2分鐘
攪拌完成溫度為22℃

一次發酵

溫度27℃・濕度75%　20分鐘
按壓排除空氣，溫度27℃、濕度75%，20分鐘。相同步驟重複2次
溫度18℃　15小時

分割

350g

中間發酵

溫度27℃・濕度75%　30分鐘

成形

整成約55～65cm的棒狀

最終發酵

溫度27～28℃・濕度75%　50～70分鐘

烘烤

割痕5～7條
放入溫度235～240℃的烤爐裏，灌入前蒸氣，烘烤28～33分鐘

配方

法國麵包專用粉	100%
麥芽糖漿	0.1%
水	74～76%
即發乾酵母	0.04～0.05%
（生種酵母的話為1.05～2%）	
食鹽	2%

一次發酵後。麩質軟化，麵團布滿整個塑膠盆，而且充滿大氣泡。

隔夜法

直接法

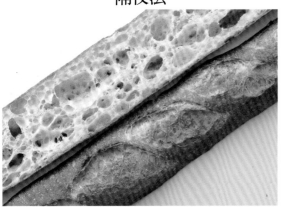

隔夜法（左）與直接法（右）。利用隔夜法製作的麵團，裏頭的糖分會比較多，因此容易烤出顏色，而且內層氣泡大，口感比較Q彈。

奶油餐包

應用範圍廣泛，可以做成餐點麵包，也可以做成點心麵包的麵團。蛋黃具有乳化劑的功能，能使麵團更加柔軟；加上奶油與砂糖的影響，讓這款麵包可以保存一段時口。與甜麵包麵團以及布里歐麵包麵團相比，算是水量較少、容易處理的麵團。後面還會介紹如何用中種法製作這種麵團，但如果以風味為優先考量的話，還是建議用直接法製作。為了提升口感，這裏使用了低筋麵粉。最難的部分是成形，因為這個步驟的好壞會大大地影響口感。

配方	
高筋麵粉	90%
低筋麵粉	10%
生種酵母	2.5%
食鹽	1.8%
砂糖	10%
全蛋	10%
脫脂奶粉	3%
酵母活化劑	0.05%
無鹽奶油	12%
水	52～54%

攪拌
除了奶油，其餘材料低速3分鐘，中速2分鐘 加入奶油，低速1分鐘，中速5分鐘，中高速1分鐘 攪拌完成溫度為27℃

一次發酵
溫度27℃・濕度75%　80分鐘 按壓排除空氣 溫度27℃・濕度75%　20分鐘

分割
40g

中間發酵
溫度27℃・濕度75%　20分鐘

成形
捲成3圈半的圓筒狀

最終發酵
溫度38℃・濕度80%　40～45分鐘

烘烤
塗上蛋液 放入溫度210℃的烤爐裏烘烤9分鐘

攪拌

2 攪拌完成的標準硬度要跟耳垂一樣軟。隨著攪拌時間拉長，油脂會融入麵團裏，因此能夠拉出比法國麵包麵團還要薄的薄膜。不過成形比較耗時，而且麵團在這段期間也會再揉和，因此只要攪拌至90%的程度就好。

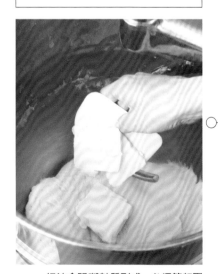

1 奶油會阻礙麩質形成，必須等麵團攪拌至某個程度之後再加入。

Point
奶油置於常溫下，軟化至用手指按壓會出現痕跡時即可加入。奶油太硬的話，會拉長攪拌時間；相對地，奶油太軟的話，則會因為氧化使得香氣變差，而且麵團也會因此釋出油脂。

成形2	成形1	一次發酵

8 較寬的那一端朝上，用手將1/3的前半部往上拉，2/3的後半部往下拉，接著再分別用擀麵棍擀成22～24cm長。

Point

過度用力壓擀麵棍會破壞麵團。尤其是較寬的那一端，用力擀的話，烘烤出爐時芯會殘留在麵包裏。另外，手粉撒太多會使麵團變得乾燥，因此要盡量少用。

9 用拍打的方式將裏頭的空氣壓除，翻面之後，用擀麵棍輕輕地把麵團壓成一樣的厚度。

5 成形要分兩個階段進行，以免破壞麩質膜。先以拍打的方式將麵團裏的空氣壓除。

6 翻面摺成三摺，讓表面鼓起。

7 將麵團滾成13cm長的紡錘形。接縫處朝下排放。上面是奶油餐包的表面（外層），因此必須保持平滑。

3 一次發酵結束的狀態。基準是膨脹到3～3.5倍。這是水分較少的略硬麵團，因此壓除空氣時要輕一點，手粉也要酌量使用。一邊留意不要硬拉麵團，一邊從左右、前後將麵團摺起。平滑的那一面朝上，讓麵團再次發酵。

分割

4 分割之後用掌心與指腹以下壓的方式把麵團滾圓，讓表面變得平順。接著進行中間發酵，讓麵團鬆弛。

Point

紡錘形決定成品美觀與否。過長會使捲數增加，導致口感變硬，因此13cm是最適合的長度。為了避免麵團表面在進行下一個步驟前乾燥，最好用濕布之類的蓋住。

12 用刷子沾全蛋蛋液,塗抹在麵團上。握住刷子的根部,沿著捲起的縫隙用刷毛腹部塗刷。如果用刷毛前端塗抹蛋液,麵團會因為承受壓力而遭到破壞。另外,蛋液塗抹太多的話,麵團底部會烤焦,因此要特別注意。塗抹蛋液之前先讓麵團稍微乾燥,避免蛋液產生斑紋。當蛋液呈現半乾時,即可放入烤爐烘烤。

11 最終發酵的狀態。發酵的時間略短,以膨脹至成形時的2.5倍為基準。麵團在成形時會因為使用較多手粉而容易變乾,因此要特別注意濕度。不過濕度太高的話,捲出來的線條反而會變得模糊。

10 將較寬的那一端折起5mm當作芯,輕輕拉開並且一邊調整形狀,一邊將麵團捲起。

Point

奶油餐包的底部面積越小,整體看起來越均衡。發酵時間太久的話,底部的面積會增加,因此要縮短時間。

Point

麵團捲太緊的話,烘烤時容易出現裂痕,因此必須輕輕捲起。捲成3圈半的整體感覺最均衡。

13 烤太久的話,麵包底部的口感會變差,因此溫度設定高一些,並且在短時間內烘烤,讓側面略呈白色,留下白色線條即可。

一般的烘烤方式(上),與成形時捲得太緊、烘烤出來的成品(右)。可以看出捲的地方產生一條大裂痕。

中種法

將材料分成兩個階段揉和，並且放置一段時間發酵的製法。先將至少50%的麵粉、所有分量的酵母與水混合發酵，接著將剩下的材料加入並且再次揉和。長時間的發酵與2次攪拌讓麩質的延展性變得更好，進而烘烤出柔軟膨鬆的麵包。由於發酵時間長，促進澱粉糖化，因此麵團會產生一股甘味。另外一個特色就是麵團老化的速度慢，而且保存天數長。與直接法相比，麵粉的風味雖然沒有那麼濃郁，不過卻適合用來製作副材料較多、口味豐郁的麵包。

土司

日本人最熟悉的餐點麵包。許多人會將1斤的土司分好幾天吃完，因此使用保存期限長的中種法來製作會比較適合。土司當中，使用70%的麵粉來製作中種的方式堪稱標準的中種法。另外還有一種名為 Full Flavor、也就是100%的中種法。這裏要介紹的是比較容易操作麵團的70%中種法。烘烤時沒有蓋上蓋子的圓頂土司（one loaf）傳熱速度快，而且麵團會縱向膨脹，進而烘烤出膨鬆輕柔的口感。相對地，蓋上蓋子烘烤的方形土司（pullman）的特色，則是水分不容易蒸發，可以讓口感更加濕潤。

配方

中種配方

高筋麵粉	70%
生種酵母	2%
酵母活化劑	0.1%
水	40%

主麵團配方

特高筋麵粉	30%
食鹽	2%
起酥油	5%
砂糖	5%
脫脂奶粉	2%
水	22%

中種

低速攪拌3分鐘，中速攪拌1分鐘
攪拌完成溫度為24℃
溫度27℃、濕度75%，發酵4小時

主麵團

除了起酥油，其餘材料以低速攪拌3分鐘，中速攪拌2分鐘
加入起酥油，低速攪拌1分鐘，中速攪拌4分鐘，中高速攪拌2分鐘
攪拌完成溫度為27℃

一次發酵

溫度27℃・濕度75%　20分鐘

分割

450g（麵團比容積3.6）
如果放入土司模（3斤）的話，則是220gx6球（麵團比容積為3.6〜4.0）

中間發酵

15分鐘

成形

用擀麵棍將麵團擀成橢圓形，捲成棒狀之後放入圓頂土司模裏

最終發酵

溫度38℃・濕度85%　50分鐘左右

烘烤

溫度210℃烘烤30分鐘

主麵團

4 除了起酥油,將其餘材料加入中種裏攪拌。所有材料攪拌均勻之後放入起酥油。加入的中種已經充分水合,故可縮短攪拌時間。

5 攪拌完成的麵團狀態。延展性佳,拉開的膜薄到可以看見指紋。

一次發酵

製作中種

1 將中種的材料全部倒入攪拌。製作主麵團時,麵團還會繼續揉,因此這個階段不需揉和均勻,只要攪拌至3～4成即可。

Point

攪拌完成的狀態。膜厚,容易破裂。攪拌至這個硬度時,麵團會慢慢發酵,水合與熟成也會充分進行。

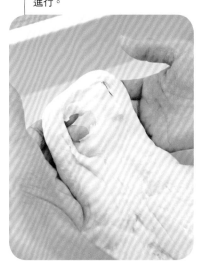

2 麵團揉成一球之後,將表面塑整得光滑些再發酵。攪拌完成的溫度為24℃,經過4小時的發酵後,以上升至28.5～29.5℃為最理想。照片中是剛開始發酵的狀態,之後會膨脹到3.5～4倍。

3 完成發酵的中種。麩質的延展性增加,拉開麵團時可以清楚看見麩質的網眼構造。這時的麵團溫度如果超過30℃,主麵團的完成溫度就要低一點,設定在26～27℃;相對地,如果麵團溫度不到28℃,主麵團的完成溫度就要高一點,設定在28～29℃。

6 中種已經完全發酵,不太會膨脹,這裏主要是要醒麵。基本上只要20分鐘就好,但麵團如果會黏手或太過鬆弛的話,就必須拉長發酵的時間。

分割	成形・最終發酵	烘烤

烘烤

9 放入土司模的麵團傳熱性差,因此烘烤時下火的溫度要調高一些。模具之間的距離必須超過5cm。如果烘烤程度不均勻,在入爐的這段期間就要迅速調換模具的位置。

決定麵團比容積

所謂的麵團比容積,指的是模具的容積(㎖)除以麵團重量(g)所得到的數值。一般來說,以3.6～3.8為最恰當,如果小於這個數字,烤出來的麵包會太過密實,如果大於這個數字,烤出來的麵包會過於鬆散。只要決定這個數值,不管使用什麼樣的模具,都能夠簡單地算出適當的麵團分量。

適當的麵團分量=模具容積(㎖) ÷ 麵團比容積

成形・最終發酵

8 中間發酵結束後,用拍打的方式將裏頭的空氣排出。用擀麵棍把麵團壓成橢圓形,光滑的一面朝下捲起。接縫處朝下,靠在土司模的其中一端將麵團放入,進行最終發酵。這種方式做成的麵團非常容易膨脹,因此發酵時間不要太久,如果是使用圓頂土司模,膨脹到模具的100%(方形土司的話,膨脹到模具的80%)即可。

分割

7 發酵時間短,產生的空氣就會比較少,因此使用中種法時,不需將麵團裏的空氣壓除,直接分割即可。如此一來不但不會傷到麵團,表面也會非常平滑美麗。將麵團往底部拉成球形,讓表面變得飽滿。

利用直接法製作的土司

利用直接法(左)與中種法(右)做成的土司。在相同的條件之下烘烤,使用中種法的麵包分量較飽滿,而且烤出的顏色比較深。

想要烘烤出充滿麵粉風味的土司時,不妨利用直接法來製作。直接法做成的麵團會比中種法做成的麵團來得脆弱,因此製作的時候必須特別小心。尤其成形時要盡量減少觸碰麵團的次數。

配方方面,只有水要增加到69%。攪拌完成的溫度為27℃,進行一次發酵的時候,過了80分鐘就要將裏頭的空氣壓除,並且醒麵30分鐘。之後的步驟雖然一樣,不過最終發酵時,麵團膨脹的高度必須高於模具1cm(方形土司的話,膨脹到模具的85%)。

Point 3

最終發酵這個步驟必須進行得比中種法久。當最高的部分超過模型1cm時,即可入爐烘烤。

Point 2

壓除空氣之後,麵團會因為變得有彈性而容易斷裂,所以處理時必須特別小心。

Point 1

攪拌後的麵團狀態。和中種法相比,膜比較厚,僅能約略看到指紋。

甜麵包

在日本用來製作紅豆麵包與卡士達奶油麵包、用途十分廣泛的麵團。特色是糖分略多,口感濕潤,搭配特高筋麵粉與低筋麵粉烘烤出容易入口的麵包。配方當中,砂糖占了 25%,因此使用了「加糖中種法」,也就是事先在中種裏添加一部分的糖,以讓酵母具有耐糖性的方式來製作。蛋白質的含量一旦變少,麩質膜就會變弱,如此一來麵團會非常容易斷裂,增加製作時的難度。為了避免傷到麵團,分割與成形時均須小心進行。

中種配方

高筋麵粉	50%
特高筋麵粉	20%
生種酵母	3%
砂糖	10%
酵母活化劑	0.1%
水	39%

主麵團配方

特高筋麵粉	30%
生種酵母(追種)	0.5%
食鹽	0.8%
麥芽糖漿	0.5%
砂糖	15%
全蛋	8%
起酥油	4%
水	12%

中種
低速攪拌3分鐘,中速攪拌1分鐘
攪拌完成溫度為25℃
溫度27℃、濕度75%,發酵150分鐘

主麵團
除了起酥油,其餘材料低速3分鐘,中速2分鐘
加入起酥油,低速1分鐘,中速5分鐘
攪拌完成溫度為28℃

一次發酵
溫度27℃‧濕度75%　20分鐘

分割
40g(橄欖形的話為60g)

中間發酵
室溫15分鐘

成形
圓形(橄欖形)

最終發酵
溫度38℃‧濕度85%　40～45分鐘

烘烤
塗上蛋液
放入溫度200℃的烤爐裏烘烤9～10分鐘

製作加糖中種

2 發酵後的狀態。以膨脹3～3.5倍為基準。因為糖分含量多,酵母會變得活絡,與沒有添加砂糖的中種相比,可以大幅縮短發酵時間。

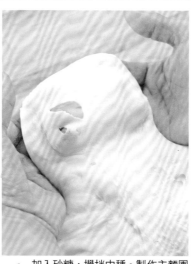

1 加入砂糖,攪拌中種。製作主麵團的時候還會再攪拌一次,因此這裏只要稍微攪拌即可。

3 所有材料攪拌均勻之後，加入起酥油揉和。大量砂糖會造成發酵速度緩慢，因此必須加入追種，以提升攪拌完成的溫度。麵團會黏手，故要撒上適量的手粉將麵團揉成一團，以便進行一次發酵。

Point

拉開麵團的時候雖然延展性佳，但因為添加了準高筋麵粉，使得形成的麩質少，故麵團的彈性較弱。

4 分割成80g，用手滾成橢圓形。如果要塑整成橄欖形，就分割成60g。

5 分割成兩半，分成40g，滾圓讓表面平滑。中間發酵進行15分鐘以醒麵。

Point

利用靠近小指部分的手掌一邊按壓，一邊將麵團滾圓，如此一來便可滾出飽滿美麗的球形。

最終發酵

7 最終發酵的狀態。膨脹2～3倍即算發酵結束。

烘烤

8 用刷子沾全蛋打成的蛋液,塗抹麵團之後入爐烘烤。如果是紅豆麵包之類不到80g的小麵包,要以高溫短時間烘烤,盡量保留水分,這樣才能烤出濕潤口感。如果以低溫烘烤,口感會變得乾澀。

成形

6 將麵團輕輕滾圓,排放在烤盤上。如果要製作紅豆麵包,就在這個步驟包填餡料。

為何要使用加糖中種法

　　一般來說,配方中的糖分比例只要超過 25%,酵母的活動力就會下降,因為麵團的滲透壓會受到砂糖影響而上升,使得水分被酵母的細胞給剝奪。不過,只要事先在中種裏添加少量砂糖,就可以讓酵母增添耐糖性,即使在主麵團裏增加砂糖的分量,酵母也能夠活絡地發揮作用。

　　甜麵包的麵團原本是從酒釀饅頭中得到靈感,一開始是使用酒種來讓麵包發酵的。與酵母相比,酒種的酵母耐糖性高,即使是糖分較多的麵團也能夠完全發酵。而為了利用酵母烘烤出像酒種麵包那樣的東西,日本人研發出「加糖中種法」這個劃時代的製法。

隔夜法

長時間讓麵團慢慢發酵的製法。緩慢進行的發酵使麵團得以熟成，增加有機酸，蘊含其中的甘味與發酵讓麵團的風味更加香甜。與直接法相比，這種製法做出的麵團特色，就是保存期限長。像布里歐等油脂較多的麵團會因為低溫長時間發酵而使得裏頭的奶油硬化，造成麵團緊縮，這樣會比較容易成形。低溫發酵時，一旦溫度低於10℃，酵母就會幾乎停止活動；但也要留意有時麵團的中心溫度即使下降到10℃以下，發酵還是會繼續進行。

布里歐麵包

法國最具代表性的維也納麵包之一。揉和的時候用蛋取代水，配方裏也加了大量奶油，以做出風味最為馥郁的麵團。雖然造型形形色色，但這裏要介紹的，是口味正統的「布里歐麵包」。攪拌、成形與發酵時，如果奶油因為「油脂分離」而溶出麵團，會破壞口感與麵包烘烤出的分量，因此攪拌完成的溫度要盡量降低，甚至成形也要趁麵團還是冰冷的時候盡快進行。

配方

高筋麵粉	100%
食鹽	2.1%
生種酵母	4%
砂糖	12%
全蛋	65%
無鹽奶油	50%

攪拌

除了奶油，其餘材料低速2分鐘，中速8分鐘
以低速攪拌2～3分鐘期間將奶油分3次倒入，再以中速攪拌5分鐘
攪拌完成溫度為22～24℃

一次發酵

溫度27℃‧濕度75%　45分鐘
按壓排除空氣
溫度5℃　12～15小時

分割

40g

中間發酵

溫度－5℃　10～20分鐘

成形

和尚頭形
塗上蛋液

最終發酵

溫度28～30℃‧濕度80%　70～80分鐘

烘烤

塗上蛋液
放入溫度200℃的烤爐裏烘烤12分鐘

5 用拍打的方式將麵團壓平，硬度一致會比較容易滾圓。

6 用手掌將麵團滾圓。

Point

塑整成其他造型時，在成形之前必須將裏頭的空氣壓除；但如果是不需滾圓的和尚頭造型，這個滾圓作業就是成形的一部分。撒上較多的手粉，盡量不要讓手沾上麵團。為了避免油脂溶出，進行的動作要迅速俐落。

7 利用小指根部，以下壓的方式將麵團壓出高度，塑整外型，搓揉出平滑飽滿的表面。

3 麵團攪拌結束的狀態。拉出的膜非常薄。不過攪拌過度的話，風味會變差。另外，自我分解法在進行的時候會產生水合作用，因此麵團以攪拌至可以稍微斷裂的程度為佳。麵團要盡量擀薄，讓整體的溫度一樣冰涼。

分割

4 一次發酵（冷藏）結束的麵團。置於室溫醒麵30分鐘之後再分割。

攪拌

1 除了奶油，其餘材料充分攪拌均勻。但過度攪拌的話，麵團會因為摩擦而生熱，因此所有材料在使用之前必須充分冰鎮。

Point

奶油量多，而且太早加入麵團裏的話，會阻擋麩質產生，因此必須等到麩質形成之後再加入。而加入奶油之後，記得要充分攪拌均勻。

2 將置於室溫15～30分鐘的奶油分數次加入。不過奶油太軟的話，會從麵團裏溶出，這樣反而破壞口感。

11 手指插入身體與頭部之間，用力壓。每個方向都要進行相同步驟，好將頭埋入身體裏，讓頭部更加穩定。用刷子細心地塗上一層全蛋打散的蛋液，並且進行最終發酵。

Point

按壓頭部的話，頭部會黏在身體上，因此要一邊避開頭部，一邊以手指用力按壓交接處，這樣才能夠烘烤出頭部和身體清楚分明的麵包。

9 塑整成10cm的圓筒形，在1/3處用小指根部輕壓，一邊滾動麵團，一邊使其凹陷，捏出保齡球瓶的形狀。比較短的那一端是頭，比較長的那一端是身體。

Point

脖頸的部分不要太細，因為太細的話，烘烤時頭部容易傾斜。麵團非常柔軟，所以成形時要多撒一些手粉。

8 一邊讓麵團冷卻，一邊醒麵。

10 放入菊花形的模具裏，抓住凹陷的部分輕壓，讓麵團更加穩定。

Point

指尖沾滿手粉的話，會比較容易成形。

84

皇冠麵包的成形

　　日本的布里歐麵包雖然是以和尚頭為主流，但在法國卻是以皇冠造型為最普遍。其實這款麵包的成形方式有許多種，在此介紹其中一種。就是先將麵團分割成200g，然後整成長條形，冷卻之後捲成圈形即可。

12 將模具拿在手上，刷子沾取全蛋打成的蛋液之後輕輕地塗抹表面。只要在布里歐麵包成形與最終發酵後塗抹2次蛋液，就可以烘烤出相當美麗的顏色。

3 另外一端疊在壓平的一端上，包起來做成圈狀。翻面放在烤盤上，塗抹全蛋打散的蛋液進行最終發酵。

1 以法國麵包的成形（第70頁的**9～14**）要領將裏頭的空氣壓除，整成40cm長的棒狀。

13 蛋液塗好之後，讓表面呈半乾狀態。為了方便傳熱，入爐之前先將麵團放在已經預熱的烤盤上。由於麵團是放在模具裏，因此烘烤時下火的溫度要調高一些。不過裏頭的蛋含量較多，非常容易烤出顏色，要特別注意。

4 再次塗抹全蛋打散的蛋液，並用剪刀剪出一圈切痕。在切痕上散撒粗糖。由於麵團尺寸較大，因此烤爐的溫度必須調降至180℃，並且烘烤20分鐘。

2 其中一端用擀麵棍壓平。

可頌麵包

　　奶油與麵團層層交錯摺疊、製法獨特的麵團。據說發源地是維也納，不過摺疊麵團這個製法卻是法國人的構想，演變至今成了現在的形狀。摺疊的時候，必須分別調整奶油與麵團的硬度，如此一來，奶油與麵團這兩種材料才能夠在摺疊時以相同的速度延展，此為烘烤出美麗層次的重點。使用直接法來製作麵團的話，麩質的彈性會太強，使得麵團在摺疊的時候非常容易收縮，因此可以促進麩質軟化的隔夜法是製作可頌麵團的最佳方法。

配方	
法國麵包專用粉	100%
生種酵母	4%
食鹽	2%
麥芽糖漿	0.5%
砂糖	10%
脫脂奶粉	2%
無鹽奶油	5%
水	52%以上
摺疊用奶油	50%

攪拌
除了摺疊用奶油，其餘材料低速4分鐘，中速2分鐘 攪拌完成溫度為20～24℃

大分割
1750g

一次發酵
溫度－7～＋5℃　15～18小時

冷卻
溫度－10℃　45分鐘

摺疊麵團
進行2次三摺作業，放在溫度－5℃的地方鬆弛30分鐘 進行1次三摺作業，放在溫度－10℃的地方鬆弛45分鐘

成形
最後壓成2.5～3mm厚 切成10cmx18～20cm的等腰三角形並捲起

最終發酵
溫度28℃・濕度80%　70～80分鐘

烘烤
塗上蛋液 放入溫度200～210℃的烤爐裏烘烤14～15分鐘

攪拌

2 揉和出比較硬的麵團。拉開的時候膜非常厚，而且容易破裂。長時間發酵的這段期間可以讓麩質軟化，並讓麵團富有延展性，因此稍微硬一點也無妨。在這個步驟中，麵團如果太軟的話，摺疊的時候奶油會跟不上麵團延展的速度，反而造成斷裂。

1 一開始就將置於常溫變軟的奶油與其他材料一起攪拌。先加入奶油以控制攪拌時間，進而抑制麩質形成，這樣麵團就不會充滿彈性，摺疊的時候收縮的幅度也會變少，比較容易延展。

Point

攪拌時間不長，因此先將酵母以水溶解後再加入，會比較容易混拌均勻。

5 放上奶油，兩端朝中央摺起，捏起接縫處黏合，但是兩端盡量不要重疊。

Point

上下不需緊閉，只要還能夠看見奶油，奶油就會在折疊的時候布滿麵團的每個角落。將擀麵棍由上往下輕壓，讓麵團與奶油緊密貼合。

4 麵團放在−10℃的地方充分冰鎮之後再進行摺疊作業。但如果已在零度以下的地方放置一整晚的話，麵團可以不用再冰鎮。摺疊的時候，麵團約奶油的兩倍長，寬度則比奶油大一圈。在摺疊的過程當中，可視情況適時地撒上手粉。

Point

配合奶油的尺寸，並用擀麵棍在麵團上壓出凹槽的話，會比較容易摺疊，並增加奶油分布的範圍。奶油可以用派皮成形機輕輕壓過，或用擀麵棍敲打成四角形，使其軟化至容易延展的硬度，溫度以14～17℃為基準。

3 大分割後，將麵團滾成表面平滑的圓球，用擀麵棍擀成2～3cm厚的四角形。蓋上塑膠袋，放入冰箱裏發酵。

Point

麵團厚度一致的話，整體就能夠以相同的速度冷卻。只要把塑膠袋的邊摺起來使其成為四角形，麵團就會以此形狀發酵，這樣比較容易延展。發酵溫度越高，麩質越有彈性，同時風味與分量也會增加；相反地，發酵溫度低的話，可以製作出酥脆的口感。

9 與6相同步驟摺疊麵團，並且再次冷卻鬆弛。

8 將麵團冷卻醒麵，讓因摺疊而收縮的麩質變得鬆弛。如果沒有這個步驟冷卻的話，麵團會斷裂。

Point

塑膠袋緊緊貼在麵團上可以讓麵團更加迅速且均勻地冷卻。不過要注意的是，麵團如果太冰的話，裏頭的奶油會變硬，這樣在進行下一次的摺疊作業時反而會斷裂。在摺疊作業完全結束之前，麵團要放在−5℃的地方。雖然摺疊的次數越多，需要冷卻的時間就越長，但以30分鐘為極限，以免奶油斷裂。成形前的冷卻時間即使超過2～3個小時也沒問題，如果放在−8℃～−10℃的地方，麵團會比較容易成形。

6 將麵團放入派皮成形機裏壓成6mm厚之後摺成三摺。摺疊的時候，邊端須先對齊，這樣才能夠摺出整齊的麵團。四個邊角如果不是呈直角的話，奶油就會無法到達角落。另外還要先計算麵團的厚度，摺疊的時候，最上面的那一層可以長一點。

7 用擀麵棍輕輕擀過，讓材料貼合，這樣可以預防麵團錯開分離。再次放入派皮成形機裏，壓過之後摺成三摺。

奶油包巾包裹法

還有一種方法，就是把麵團當作包巾將奶油包裹起來。兩種方式不妨都試試，並從中挑選容易進行的方式。

將麵團的四個角摺起，把奶油包在裏面。麵團盡量不要重疊，並且將接縫處黏和。

將麵團擀成奶油2倍大的正方形。

12 左右兩端切落，接著再切成底邊 10cm，高18～20cm的等腰三角形。

10 將麵團放入派皮成形機裏壓成3～ 2.5mm厚。這個時候一口氣壓薄的 話，麵團會斷裂，因此要以一次壓 5mm的程度來慢慢壓薄。

Point

壓平的麵團會因為麩質的力量而 縮小，因此要用手從麵團的下方拿 起，使其自然收縮。在這個階段讓 麵團收縮，能夠減少分割時所造成 的損傷。

11 摺成四摺，上下兩端切落，接著再 從正中央切成2條帶狀的麵團。

13 用刷子將多餘的麵粉刷落，拉住頂 點，一邊輕拉，一邊將麵團捲起。

Point

一邊留意左右對稱，一邊略緊地將 麵團捲起。如果捲得太鬆，裏頭會 產生空洞，烘烤時麵團會浮起，無 法烤出美麗的形狀。麵團變乾的話 會裂開，因此必須趁還沒變乾之前 迅速作業。

月牙形（牛角形）的成形方式

近來比較少見，也就是可頌名稱的原意，月牙形的成形方式。

將切開的部分摺成三角形。

在底部正中央劃入一條1.5cm的刀痕。

朝外側延展般捲起，並拉出長度，將兩端朝內側彎曲。

烘烤

14
○ 刷子沾取全蛋打散的蛋液，沿著捲起的縫隙塗抹之後再入爐。以低溫烘烤的話，油脂會流失，無法烤出膨鬆順口的可頌，而且表皮也會變硬。因此只要烘烤13～18分鐘即可。

Point

下火略強的話，可以烤出膨鬆感。如果想要保留濕潤口感，烘烤13分鐘即可；如果想要提高酥脆口感，則稍微降低溫度，並且拉長烘烤的時間。

摺疊次數不同所造成的層次差異

右邊是3次三摺，左邊是2次四摺的斷面。可清楚看出左邊的層次較粗且厚實。

可頌麵包在製作層次的時候，基本上要進行3次三摺作業，不過摺疊的次數可以依照想要追求的口感來調整。減少摺疊次數的話，層次會比較粗，每一片麵團都十分厚實，而且口感酥脆，麵包體容易分離。相反地，如果增加摺疊次數的話，口感會比較輕脆，油脂層也會變得比較薄，而且奶油會融入麵團裏，只是這樣就不容易烘烤出美麗的層次了。

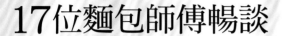

17位麵包師傅暢談
我和麵包店與麵包麵團

對於一整天大多數時間都和麵團相處的麵包師傅而言，

麵包說不定就是他們的人生。而成為麵包舞台的麵包店裏，

應該會投射出他們的生活方式。在此透過他們的人生觀與創店歷程，

探索這些麵包師傅的麵包哲學，

同時介紹出現在本書的麵團起種方式。

各家麵包店的「起種方式」是按照各家製法的標記而寫。
而各家麵包店的配方與製法為 2013 年 1 月的內容。

Bäckerei Brotheim
明石克彥

1951 年出生於東京都。失業 3 年之後進入（株）櫻製果飯學習烹飪與糕點的基礎，並分發至烘焙部門。之後在「Hansrosen」修業 8 年，期間傾心於德國麵包。35 歲獨立開店。2005 年「Cafe Seebach」開幕。

製作麵包
從解決好幾個「為什麼」開始。

首先就是目標要明確，再來是自己做的麵包是什麼樣的口感，要呈現什麼樣的風味。脫離這個主軸，是沒有辦法做出好麵包的。

有人說只要使用大量的奶油與蛋，就可以烤出好吃的麵包，但這並不是絕對的定律。想要把麵包烤得又鬆又軟，使用起酥油會比使用低溫凝固的奶油來得恰當，推算出烤爐溫度與烘烤時間；一旦烘烤方式固定，即能決定最終發酵的時間。而以用量太多的話，麵團反而而蛋白會阻礙麵團發酵，所

無法膨脹。雖然最近流行麵包的酵母用量越少越好，但時間，進而看穿製法。

為什麼要用這個配方？為什麼要用這個製法？我們不可以對自己做的麵包有所疑慮。抱著「總之就是這樣」的態度來製作麵包的話，不可能烤出理想中的風味。我認為一旦有人問起，就能立刻回答，而且頭腦清晰、有條不紊，即是專業麵包師傅非具備不可的條件。

我，就是盡量用成品來反算再來是自己做的麵包是什麼包的酵母用量越少越好，但是貿然地減少用量其實沒有意義。我們必須一個一個地去查證自己在製作麵包時，需要用到的材料有哪些特性，這樣才能夠有效運用那些材料。

製法也是一樣。只要出爐的模樣固定不變，就能夠推算出烤爐溫度與烘烤時間；一旦烘烤方式固定，即能決定最終發酵的時間。而能決定最終發酵的時間。而

本書使用的起種方式

酸麵種的初種

材料
日清裸麥全粒粉（日清製粉）
Heide（大陽製粉）
水

作法
1 裸麥全粒粉與水各取 200g 混合，攪拌至 27 ～ 28℃之後，放在 28℃的地方 24 小時。
2 Heide 麵粉 200g、水 200g，與前一天製作的麵種 20g 揉和之後，放在 28℃的地方 24 小時。這個步驟重複 5 天，初種即完成。使用這個初種，即能做出可放入各種麵包的酸麵種。

地址 東京都世田谷區弦卷4-1-17
電話 03-3439-9983
營業時間 7：30～19：30
公休日 週一、第一個週二

來自日本全國的麵包迷紛紛聚集於此的知名麵包店。剛開幕時即以實體店面的方式營業。除了德國麵包，還提供各國口味的麵包。緊鄰在隔壁的咖啡廳亦提供湯品與三明治。

Les entremets de kunitachi
鯰澤信次

對於糕點師傅來說 棍子麵包是必經的路程。

1958年出生於東京都。巴黎修業後在「A. Lecomte糕餅店」服務了13年，年僅30歲即升任為製菓部長。1993年獨立創業。2010年，年輪蛋糕專賣店「KITCHEN BAUM」開幕。日本洋菓子協會聯合會指導部副委員長。

法國的糕餅店裏只有極少數僅單純販賣蛋糕，除了甜麵包，有的還販賣棍子麵包等餐點麵包，這種情況其實非常普遍。對法國人來說，烤棍子麵包就跟我們煮米飯一樣，只要是糕點師傅，每個人都得學會怎麼做棍子麵包。

我在A. Lecomte見習的時候，第一個學到的也是棍子麵包，而且每天早上都要烤500條。製作的時候，困難的，就是製作環境。在以製作糕點為主的廚房裏，我並沒有很仔細地計算分量，全都是靠感覺來做，水管拉了，就直接把水注入碗盆裏。因為是低溫烘烤，所以也不需要在意濕度。

A. Lecomte也提供外燴服務，因此必須經常烘烤法國鄉村麵包。而我現在使用的天然酵母，就是利用30年前Lecomte師傅教我的方法培養的。想要通年維持一個讓酵母充滿活力的地方其實是件非常困難的事。我之所以會以黑棗培養的酵母為主，理由就在於這種酵母可以烤出口感濕潤的麵包，另外一個令人滿意的好處，則是這種酵母的發酵力強，非常好用。為此，除了盡量提供一個好的環境，我現階段最大的心願，就是做出可以烤出美味麵包的麵團。

本書使用的起種方式

魯邦種

配方		作法
液種		1　將液種的材料混合。置於25℃～27℃的地方5天，每天攪拌1～2次。
水果乾	100%	2　以中速將一號種的材料攪拌10～15分鐘，攪拌完成溫度為25～27℃。置於25～27℃的地方12小時。
水	250%	3　以中速將二號種的材料攪拌10～15分鐘，攪拌完成溫度為25～27℃。置於25～27℃的地方14小時。
一號種		4　以中速將三號種的材料攪拌10～15分鐘，攪拌完成溫度為25～27℃。置於25～27℃的地方4小時。壓除空氣，繼續醒麵2小時即完成。做好的麵種放在冰箱保存。
液種	100%	
高筋麵粉	100%	
二號種		
一號種	100%	
高筋麵粉	100%	
粗鹽	1%	
水	50%	
三號種		
二號種	100%	
高筋麵粉	100%	
水	65%	

地址　東京都國立市東2-25-50
電話　042-574-0205
營業時間　10：00～19：00
公休日　週三
網址　http://www.les-entremets.com/

隱藏在這個獨棟寬敞店內的麵包數量多不勝數。隨時都有15種麵包陳列在架上，除了生鮮甜點與烘焙點心，店內還販賣自家製的果醬與紅茶。堆積如山的可頌光景，讓人彷彿置身於法國人的日常生活之中。

PANTECO
松岡 徹

1953 年出生。在蘆屋「畢哥的店」，也就是 Phillippe Camille Alphonse Bigot 門下以第一期生的身分修業。1985 年在東京創立「PANTECO」，以提供多數知名餐廳麵包的批發專賣店之姿而名聲大噪。2009 年將店面遷移至世田谷，並且開了一家一般顧客也可採買的麵包店。現在依舊過著早上 2 點出門上班，晚上才回家的生活。

白酸麵種

材料

粗粒全麥麵粉（日清製粉）
水

作法

1 分別取 100% 的全麥麵粉與水，攪拌均勻之後置於室溫 24 小時。附著在全麥麵粉上的酵母會稍微發揮作用，產生發酵現象，這就是起種。

2 將 10% 的起種、各 100% 的全麥麵粉與水攪拌均勻之後，置於室溫 3 小時，再放入冰箱裏醒麵 12 小時，這就是白酸麵種。

學習超越化學與物理的能力，就是「製作東西」的基本。

製作麵包雖然可以透過化學與物理來分析，但在現實生活當中，還是會出現無法分割的部分。因為我們的對象是微生物，只要氣溫、濕度與氣壓產生微妙的變化，就會整個受到影響，我們是不可能完全掌控環境的。

不光配方，攪拌、發酵時間、溫度、壓除麵團空氣的時間點……這些都是假說分別成立之後，在不停重複實驗的情況之下，從失敗中得到的結論。煞費苦心找到正確答案的那份喜悅，一定是格外甜美。

我從前曾在奈良跟著一位專門興建修補神社、年齡超過八十歲的木工修行。那位老師傅只要看一眼身旁的林木，就能夠清楚道出樹木的紋路與年輪。身為一個麵包師傅，我希望自己也能夠達到和他一樣的境界。

今日雖然非常容易買到好用的麵包書，但年輕的麵包師傅在依賴這些食譜之前，我還是希望他們能夠多多摸索，找出屬於自己的答案。從累積的經驗當中磨練感覺，學會了解可能發生的情況再來計算的能力，這就是「製作東西」的基本。

麵包師傅在面對不聽話、老是不肯如願成長的麵團時，其實是沒有假日的。但是與一年只能製作一次，而且完全不容許失敗的造酒業相比，一天可以製作好幾次，而且能夠立刻出現成果的麵包製作方式，真的簡單許多。

本書使用的起種方式

魯邦種

材料
葡萄乾精
　葡萄乾 ⋯⋯⋯⋯⋯⋯⋯⋯⋯ 300g
　特級砂糖 ⋯⋯⋯⋯⋯⋯⋯⋯ 少量
　水 ⋯⋯⋯⋯⋯⋯⋯⋯⋯⋯⋯ 600g
起種
　小麥全麥麵粉 A 粗粒全麥麵粉
　（東京製粉）⋯⋯⋯⋯⋯⋯⋯ 200g
　葡萄乾精 ⋯⋯⋯⋯⋯⋯⋯⋯ 200g
一號種
　小麥全麥麵粉 A 粗粒全麥麵粉
　（東京製粉）⋯⋯⋯⋯⋯⋯⋯ 400g
　葡萄乾精 ⋯⋯⋯⋯⋯⋯⋯⋯ 400g
　起種（前一天的麵團）⋯⋯⋯ 400g
二號種
　特高筋麵粉 Panteco PB（東京製粉）
　⋯⋯⋯⋯⋯⋯⋯⋯⋯⋯⋯⋯ 1200g
　水 ⋯⋯⋯⋯⋯⋯⋯⋯⋯⋯⋯ 1200g
　一號種（前一天的麵團）
　⋯⋯⋯⋯⋯⋯⋯⋯⋯⋯⋯⋯ 1200g
三號種
　特高筋麵粉 Panteco PB（東京製粉）
　⋯⋯⋯⋯⋯⋯⋯⋯⋯⋯⋯⋯ 100%
　水 ⋯⋯⋯⋯⋯⋯⋯⋯⋯⋯⋯⋯ 65%
　二號種 ⋯⋯⋯⋯⋯⋯⋯⋯⋯ 100%
　麥芽精 ⋯⋯⋯⋯⋯⋯⋯⋯⋯ 0.2%
　鹽（沖繩島鹽 Shimamasu）⋯ 2%
四號種
　特高筋麵粉 Panteco PB（東京製粉）
　⋯⋯⋯⋯⋯⋯⋯⋯⋯⋯⋯⋯ 100%
　水 ⋯⋯⋯⋯⋯⋯⋯⋯⋯⋯⋯⋯ 65%
　三號種 ⋯⋯⋯⋯⋯⋯⋯⋯⋯ 100%
　麥芽精 ⋯⋯⋯⋯⋯⋯⋯⋯⋯ 0.2%
　鹽（沖繩島鹽 Shimamasu）⋯ 2%

作法
葡萄乾精
1　使用沒有經過防油處理、尚未清洗的葡萄乾，連同特級砂糖與水倒入煮沸消毒過的密封容器裏，置於 20℃以上的溫暖地方。
2　3 天之後，當葡萄乾浮到上面時，搖晃容器並攪拌（一直放著的話會發霉）。
3　當葡萄乾開始產生氣泡後，一天要打開容器的蓋子數次，將裏頭的空氣釋放出來。
4　經過 5 天之後，發酵狀態會到達頂峰，此時將材料過濾，把發酵的葡萄乾精倒入保特瓶裏冷藏保存。

起種
1　所有材料用手攪拌均勻，蓋上一層保鮮膜，置於室溫 25 ～ 30℃的地方 6 ～ 10 小時。
2　雙手沾水，將麵團揉和之後，再次蓋上保鮮膜，置於冰箱裏至少12 小時。

老麵種
1　將一號種的材料以低速攪拌 3分鐘，中速攪拌 1 分鐘。攪拌完成溫度為 26℃。置於室溫 25 ～ 30℃的地方約 8 小時，讓麵團發酵並膨脹至約 3 倍大。
2　用與 **1** 相同的方式攪拌二號種、三號種與四號種，並且使其發酵。

裸麥酸麵種

材料
日清裸麥全粒粉（日清製粉）
水
麥芽精

作法
1　分別取 100% 的裸麥麵粉與水，攪拌均勻之後置於室溫 24 小時。附著在裸麥麵粉上的酵母會稍微發揮作用，產生發酵現象，這就是起種。
2　將 10% 的起種、各 100% 的裸麥麵粉與水攪拌均勻之後，置於室溫 24 小時。相同作業重複 4 次之後，再放入冰箱裏保存。這就是初種。
3　將 20% 的初種、各 100% 的裸麥麵粉與水、1% 的麥芽精攪拌均勻之後，置於室溫 3 小時，接著再放入冰箱裏醒麵 12 小時，這就是裸麥酸麵種。

地址　東京都世田谷區野澤2-30-3駒澤Inn一樓
電話　03-5779-6543
營業時間　10：00～19：00
公休日　週日
網址　http://www.panteco.co.jp

以往必須到餐廳才能夠品嘗到的Panteco麵包，現在在家裏也能夠大快朵頤，讓往年喜愛法國麵包的人欣喜不已。地點位於田園都市線·駒澤大學站徒步約10分鐘的環狀七號線路上。每天提供的麵包種類都不同，丹麥麵包與調味麵包的選擇亦相當豐富。

來自日本、由日本麵包師傅為日本人烘烤的麵包。

如同最具代表性的棍子麵包，凡是副材料少的麵團，通常都可以看出麵包師傅的手腕如何。這句話固然沒錯，但我的目標並不是巧妙地做出高難度的麵團。麵包來自歐洲人的飲食文化，因此我把它融入日本人的生活裏，創造了一個獨自的麵包文化。我，想要烤出奠定在日本人的文化中、屬於日本人的麵包。

例如大家知道法國麵包，就要遵守基本的定義，同時迎合日本人的生活與嗜好來改良麵團。

另外對於「日本人尋求的味道」一方面，還要不時注意流行的興衰。這麼做雖然需要勇氣，但是我希望自己不要堅守同一個味道，甚至製法與配方也要盡量調整改變，敏銳地應對這個時代的要求。

國麵包，就要遵守基本的定義，同時迎合日本人的生活與嗜好來改良麵團。

麵包，必須在烘烤的那一天吃完，可是在日本，應該很少有家庭會將當天購買的麵包立刻吃完。既然如此，烘烤出即使放到隔天，依舊保有水分而且美味不變的法國麵包似乎比較合情合理。加上日本人在口感方面比較偏好Q彈鬆軟的嚼勁，因此我才會想要烘烤出深受日本人喜愛的口感。當然，既然取名為法

1960 年出生於埼玉縣。高中打工的時候愛上麵包，並在「Andersen」修業。1988 年獨立創業，共同開發星野天然酵母麵包種與「星野麵粉種（紅）」，在研究天然酵母方面傾注不少心力。

本書使用的起種方式

生種

配方

星野麵粉種(紅)(星野天然酵母麵包種) ── 100%
水 ── 200%

作法

材料混合之後，置於 30℃ 的地方發酵 24 小時。完成的生種可以冷藏保存一週。

魯邦種（小麥自然發酵種）

配方

裸麥麵粉
麥芽糖漿（2 倍液）
30℃ 的溫水
麵粉

作法

1　將 500g 的裸麥麵粉、10g 的麥芽糖漿與 600g 的溫水混合攪拌之後，置於 27℃ 的地方 24 小時。

2　在第一天的麵種裏加入相同分量的麵粉與溫水，混合攪拌之後置於 27℃ 的地方 24 小時。這個步驟重複進行到第四天，不過第四天的發酵時間為 12 小時。

麵種的更新與再生

麥創（瀨古製粉）50%、穗香（木田製粉）20%、キタノカオリ T85（北方之香）(Agrisystem) 20%、白金鶴（星野物產）10%、元種 50%，以及水 175% 混合攪拌之後，置於 30℃ 的地方 6 小時，並冷藏保存。

地址　埼玉縣埼玉市南區大谷口5338-6
電話　048-874-5831
營業時間　10：00～19：30
公休日　週四、第三個週日
網址　http://kazamidori-pan.shop-web.org/

從大窗戶投射進來的陽光、通頂寬敞的店面。店內擺滿了超過100種充滿特色的麵包，從硬質麵包到鹹麵包，應有盡有。除了當地人，每到週末，來自遠方的客人也紛紛湧入此處。其中最受歡迎的就是香滑順口、填滿了卡士達奶油醬的「國王卡士達奶油麵包」。

pointage
中川清明

希望店裏陳列的是光看到
就讓人充滿活力的麵包。

1965 年出生於東京都。進入大丸集團時被分發到麵包部門，這個契機讓他立志當一個麵包師傅。在赤坂的「Peltier」不斷學習修業，目的就是為了開一家屬於自己的店。2002 年與身為廚師的弟弟攜手合作，以經營者廚師之姿開了「pointage」這家店。

到父親這一代原本是酒屋的地方，在弟弟的提案之下，改建成現在這個形態。

來店的客人之中，有不少是我還小的時候就經常光顧的客人，為了回報他們，我每天都非常勤奮地烘烤麵包。

為了配合弟弟做的熟食，原本我只烘烤餐點麵包，但在客人的要求之下，不知不覺地增加了麵團種類的數量。

對於麵包的種類，我沒

有特別的堅持，不管是硬質麵包還是甜麵包，我都會盡量讓陳列的麵包種類選擇豐富一點。在贏得客人歡心的同時，並不滿於現狀，繼續不斷地嘗試新的麵團，因為我認為這樣可以提升店內每一位員工的知識與技術，當然也包括我自己在內。

所謂麵包麵團，其實是非常自由的東西。只要配方、製法與製作環境有些細微的差異，就會創造出截然

不同的新麵團。而我現在的目標，就是製作充滿活力的麵團。真正好吃的麵包，酵母會茁壯成長，從外表就能感受到一股活力，讓人覺得吃了之後精神飽滿。我希望在如實地遵守基本製法的同時，能夠不停地慢慢進化，但願將來可以超越位在前方的那面牆。

地址　港區麻布十番3-3-10
電話　03-5445-4707　營業時間　10：00～23：00
公休日　週一　網址　http://www.pointage.jp/

由麵包師傅與義大利廚師這對兄弟檔經營的店。擁有麵包店、餐廳、熟食店、咖啡店，以及酒吧這五種面貌，是一家可以讓人在各種用途上廣泛利用、非常獨特的店。為了配合當地居民的生活型態，營業到晚上11點。

本書使用的起種方式

魯邦種

材料
日清裸麥全粒粉（日清製粉）
Mont Blanc（第一製粉）
麥芽糖漿
40℃的熱水

作法
1　用木杓將裸麥全粒粉125g、麥芽糖漿 2.5g 與熱水 150g 混合，攪拌完成溫度為 30℃。置於 28℃的地方 24 小時。
2　將 1、Mont Blanc 與水以相同比例混合，置於

28℃的地方 24 小時。相同步驟重複 2 次。
3　第三次置於 28℃的地方 12 小時，接著再放入5℃的地方至少冷卻 12 小時再使用。

老麵種
以麵種 1、Mont Blanc2、水 2.5、麥芽糖漿 0.1 的比例混合之後，置於 30℃的地方 6～8 小時。接著置於 5℃的地方至少冷卻 12 小時再使用。

葡萄乾液種

材料
加州葡萄乾⋯⋯⋯⋯690g
水⋯⋯⋯⋯⋯⋯⋯⋯800g
麥芽糖漿⋯⋯⋯⋯⋯1.38g
蜂蜜⋯⋯⋯⋯⋯⋯⋯適量

作法
將材料混合之後放入密封瓶裏，蓋上蓋子。每日攪拌數次同時觀察狀況，並且置於 25～30℃的地方一週。

patisserie Paris S'eveille
金子美明／金子則子

IIIIIIIIIIIIIIIIIIIIIIIIIIIIIIIIIIIIIIIIIIIIIIIIIIIIIIIIIIIIIII

只用酵母來呈現「自然」風味。

曾經在「Restaurant PACHON」擔任糕點師傅的美明與擔任廚師的則子。結婚後兩人遠赴法國，分別在知名餐廳鑽研學習。回到日本後獨立開店，現在則是由則子負責烘烤麵包。

自從家裏的孩子出生之後，我對於飲食的價值觀就整個改變了。把多餘的東西刪除，只讓孩子吃天然的食物。這個信念也影響到我製作食物的方式，尤其是每天食用的麵包，影響更是深遠，我將配方的材料盡量減到最低限，隨時留意讓烤出來的麵包越天然越好。

對於那些口味過於洗練的麵包，我是一點興趣也沒有。雖然吃起來有雜味，但是營養豐富的麵包比較有價值，而且絕大多數的風味都十分天然美味。因此我希望烤出不會壓抑住素材原有風味，反而將其完美地呈獻出來的麵包。

店裏一天出爐的麵包其實數量有限，沒有辦法像一般麵包店那樣庫存許多不同種類的麵粉來區分使用。所以我們只能使用適用於各種麵包的麵粉，至於風味特色，就靠天然酵母的風味與香氣來提引。現在我們店裏是混和使用以葡萄乾與蘋果皮培養而成的液種。充滿果味的芳香與酵母原有的酸味讓人心滿意足。

本書使用的起種方法

液種

材料

葡萄乾、蘋果皮	各 150g
水	各 350g
蔗糖	各 1 大匙

作法

分別將材料倒入密閉瓶裏，蓋上蓋子，一天攪拌一次，並且放在超過 27℃ 的地方 10 天，當香氣整個散發出來時即完成。兩種液種混合使用。

酸麵種

材料

日清裸麥全粒粉（日清製粉）
約 20℃ 的水
鹽

作法

1　將裸麥全粒粉 600g、水 600g、鹽 12g 混和之後，放在約 28℃ 的地方兩天。
2　加入 1 的初種 50g、裸麥全粒粉 50g、水 50g、鹽 1 小匙混合，置於約 28℃ 的地方 24 小時。此步驟重複 3～4 次。

天然酵母種

材料

液種
全麥麵粉（江別製粉）
水
麥芽糖漿

作法

1　將 185g 的全麥麵粉加入 120g 的液種裏，用手揉和 10 分鐘，直到材料揉成一團，而且表面出現光澤為止。置於溫度超過 27℃ 的地方 24 小時。
2　將 100g 的全麥麵粉與 50g 的水加入 100g 1 的元種裏，以同樣的方式揉和，並且置於溫度超過 27℃ 的地方 24 小時。相同步驟重複 4～5 次。

3　將 800g 的全麥麵粉與 2 大匙的麥芽糖漿加入 400g 的 2 裏，以低速攪拌 3 分鐘之後，置於溫度超過 27℃ 的地方發酵 6 小時。
4　放入 3～5℃ 的冰箱裏醒麵 10 小時後再使用。

※ 製作用於法國鄉村麵包的魯邦種時，可以使用百合花法國粉（日清製粉）取代全麥麵粉。在進行步驟 3 時，將 540g 的 2、337g 的百合花法國粉、205g 的水、6.7g 的鹽，與 1.7g 的麥芽糖漿以中速攪拌 3 分鐘。置於溫度超過 27℃ 的地方發酵 8 小時之後，放入 3～5℃ 的冰箱裏醒麵 10 小時再使用。

地址　東京都目黑田區自由之丘2-14-5 1F
電話　03-5731-3230
營業時間　10：00～20：00
全年無休

全日本首屈一指的糕餅店。麵包從開幕之初即是基本商品，而除了甜麵包，硬質麵包亦大受好評。從大片窗戶灑落的陽光讓人感覺舒適無比，另外還附設有氣氛沉著的沙龍空間。

伊藤隆一

決定麵包香氣的最後關鍵在於「烘烤」。使命是繼承老字號飯店的風味。

1967年出生於宮城縣石卷。高中畢業後在「東京大倉飯店」烘焙部門工作7年，之後在「橫濱帝都飯店」工作3年。29歲獨立，並於群馬的「Lock Heart 大理石村」開設「L'epi D'or」。2002年遷移至東京開設「金麥」。

只要聽到有人稱讚麵包好吃，我就會覺得非常高興。這當中最讓我重視的，就是可頌麵包。

對於可頌的強烈執著，是從上東京第一個工作的飯店體驗當中培養的。人生第一次吃到可頌的時候，我打從心裏感動不已，心想「世界上怎麼會有這麼好吃的麵包呢」。

從那時候開始，我就認為在這個都市中，繼承根深蒂固的麵包製作基礎與傳統，遵守古老的烘烤方式，把它當作小麵包店的特權。

從前的飯店不管烤什麼麵包，都是用大火烤得又硬又香，而且顏色深濃。所以土司會散發出土司的芳香，棍子麵包會散發出棍子麵包的芳香。可惜的是，現在時代的趨勢是用低溫把麵包烤得白一點，以這種方式烤出來的麵包，不管是香味還是口感都跟從前截然不同。正因為如此，我才會想要繼續遵守古老的烘烤方式。

我在群馬經營麵包店的時候，時常與客人接觸，所以在白金開店的時候，也是採取這種面對面的營業方式。原本以為屬於高級住宅區的白金對於硬質歐式麵包的需求會比較高，但沒想到一般人對甜麵包的需求也不小。因此我在製作咖哩麵包與卡士達奶油麵包的時候，特地搭配了與一般麵包風味截然不同的麵團。

麵團的揉和、摺疊方式、發酵時間還有烘烤方式……。可頌雖然是一種非常容易展現麵包店或師傅特色的麵包，但我覺得即使不停地深思各個步驟，最後的決定權還是在於「烘烤」。所以我在製作麵團的時候，都是從想像烘烤時間開始。

地址　東京都港區白金台5-11-4
電話　03-5789-3148
營業時間　10：00～19：00
公休日　週三

麵包店位於靠近外苑西路的白金隧道，外觀看起來跟高級住宅區一樣時尚，但是店內卻陳列了不少樸實的甜麵包，是一家深受鄰近攜家帶眷的客人喜愛的「街頭麵包店」。店內的招牌商品當然就是可頌麵包。並附設可以內用的咖啡廳，連同露天席共有7桌。

Les Cinq Sens
德力安・伊曼紐／川田興大

1968年出生於法國里摩（Limoges）。曾經在法國的「Poilane」累積研究經驗，之後來到日本。2006年正宗石窯烤爐麵包專賣店「Boulangerie Bonheur」開幕，姊妹店「Les Cinq Sens」也於2009年開始營業。

1987年出生於愛知縣。18歲起跟著德力安・伊曼紐學習製作麵包的訣竅，2012年擔任該店部門師傅。

每天都在觸摸感受、品嘗確認。

100％使用日本國產小麥，搭配法國傳統的製法，做出與法國相同的風味，這就是我們店的理念。

我曾經參與創店，並且與伊曼紐一起不停地試作好了幾次，覺得日本產的麵粉雖然香氣穩定、甜味又濃郁，但卻不適合製作法國口味的麵包。不過，在遇到TYPE ER這款令人驚艷的麵粉之後，我們終於得以突破瓶頸。話雖如此，這款麵粉與法國麵粉相比，麩質與灰分的質感還是有所差異，因此我們必須經常重新檢視製法。

現在店裏是以伊曼紐的味覺為主，每天都傾注心血烘烤出相同狀態的麵包。超過600ｇ的大麵包攪拌溫度如果誤差1℃，發酵時間就必須相差至少30分鐘。這個差異雖然不是非常顯眼，但我希望今後能夠秉持只單純追求風味與香氣的態度。

伊曼紐告訴我「製作的麵團每天都不一樣，因此觸摸感受、品嘗確認是非常重要的」。他比較重視入口那一瞬間，香味與嚼勁擴散在嘴裏的風味，而不是麵包的外觀；而我畢竟是日本人，還是比較重視麵包美觀與否，每天都不得不非常認真地與麵團決一勝負。

本書使用的起種方式

魯邦種

材料	
元種（愛工舍製作所）	500g
TYPE ER（江別製粉）	1000g
水	1250g

作法

所有材料混合之後，置於27℃的發酵器裏至少醒麵4小時。

魯邦種

材料

蘋果皮
水
麥芽水
細砂糖
裸麥麵粉（江別製粉）

作法

1　將50g的蘋果皮放入500cc的瓶子裏，加入30cc的水、1.5g的麥芽水，與15g的細砂糖之後混合，蓋上蓋子，放置一晚。

2　打開蓋子，替換空氣，攪拌過後再次蓋上蓋子，並且放置一晚。相同步驟重複3天～1週，直到出現氣泡為止。

3　1的初種過濾之後，取70%。將100%的裸麥麵粉倒入其中，以低速攪拌3分鐘。置於5℃的冰箱裏一晚即完成。

4　第二天以後改以初種60%、水70%、麵粉100%的比例，進行與3相同的步驟。以第三天的狀況最好。

地址　東京都世田谷區若林1-7-1 PETITE PIERRE三軒茶屋1F
電話　03-6450-7935
營業時間　8：00～21：00
公休日　不定
網址　http://les5sens.jp/

只使用日本國產小麥做麵團的法國人師傅完美地重現法國的風味。除了白土司，其他麵包都是屬於法國口味，而且店內隨時提供50～60種選擇。法國產的果醬與起司亦相當豐富。為了推廣法國的飲食文化，每個月還推出到各地方販賣麵包與糕點的企劃。

Cupido!
東川 司

||||||||||||||||||||||||||||||||||||||||||||

我想追求的麵包必須超越在法國受到的「衝擊」。

1969 年出生於三重縣。28 歲的時候為了學習法國料理而遠赴法國，卻因為被麵包吸引而改當麵包師傅。之後在三重縣的「Dominique Doucet」正式修業。曾經擔任品川「HOTEL Laforet」的總師傅，並於 2006 年擔任「Cupido！」的師傅。

挑選材料的時候，其實我的態度是非常嚴格的。如果是簡單的麵包，鹽的味道就會明顯地對風味造成影響。甘味較濃的鹽未必適合各種麵包，因此我們會針對想要呈現的風味加以區分使用數種不同的鹽。我認為如此類小地方的經驗累積，才能夠發揮強大的力量。

成為麵包師傅之後，我又去了法國好幾次，只可惜再也感受不到當初的衝擊了。我想要靠自己做出來的麵包超越那股衝擊。所以我第一次吃到法國麵包時的那一份衝擊。

我認為麵包的原點在法國。可是，我卻不會想要把當地的風味原汁原味地帶到日本。我想要做的，不是重現風味，而是讓客人體驗我每天都一邊孜孜不倦地製作麵團，一邊等待那一瞬間，第一次吃到法國麵包時的那份衝擊。

等待著為了學習料理而遠赴法國的我的，沒想到竟然是與麵包的邂逅。不管是可頌還是棍子麵包，都不需要沾任何東西，直接吃味道就十分濃郁美味。要怎麼樣才能夠做出這麼美妙的滋味呢？這個念頭讓我成為法國麵包的俘虜，甚至直接轉而投入它的懷抱。

本書使用的起種方式

酸麵種

材料

母種
Seigle Type130
（奧本製粉）⋯⋯⋯適量
淨水⋯⋯⋯適量
Heide（大陽製粉）⋯⋯⋯100g
淨水⋯⋯⋯100g

作法

1　將 Seigle Typ130 與水以相同比例混合之後，置於 25℃的地方 1 週，製作母種。

2　散發出清爽香氣之後，從 1 的中心部取 10g，與 Heide、水混合，放置 2 ～ 3 天。這個步驟重複 2 ～ 3 次。

老麵種
用木杓將 10g 2 的母種、100g 的水、100g 的 Heide 混合至 25℃之後，置於約 25℃的地方一晚，再冷藏保存。

小麥酵母

材料
Monte Brè Boulanger（熊本製粉）
淨水
酸麵種

作法

1　以麵粉 1、水 2、酸麵種 0.1 的比例混合，置於約 25℃的地方一晚。

2　產生氣泡後置於冰箱一晚。

老麵種
將 2 的麵種注入相同分量的水，以及一半分量的麵粉混合。置於約 25℃的地方發酵 3 小時之後，再置於冰箱一晚。

液種

材料
山葡萄乾
淨水

作法

1　將兩倍的水倒入山葡萄乾裏混合，置於約 25℃的地方 5 天～ 1 週。

2　咕嘟咕嘟地開始冒出氣泡後，將過濾 1 之後的水、淨水與山葡萄乾以相同比例混合，置於約 25℃的地方發酵一晚。使用前先攪拌均勻。

老麵種
以 2 的液種 2、水 2、山葡萄乾 1 的比例混合，置於約 25℃的地方發酵一晚。

※ 氯氣會阻礙酵母生成，因此必須使用淨水。

地址　東京都世田谷區奧澤 3-45-2 1F
電話　03-5499-1839
營業時間　10：00～賣完為止
公休日　不定
網址　http://cupido.jp

以位在法國鄉下的糕餅店為設計理念、氣氛溫暖的麵包店。將近60種的麵包中，有15種是硬質麵包。此外還提供起司與火腿等適合搭配麵包、內容豐富的食材。內用區亦十分完善，並提供酒精類飲品與適合搭配麵包的熟食。

正確地面對食材 與創造麵團息息相關。

1970 年出生於東京。15 歲便踏入麵包世界，曾經在「Mother Goose」、「Peaterpan」「Pompadour」、「Aux Bacchannales」等處修業累積經驗，擔任過「Atelier de Reve」、「Aux Bacchannales」的師傅。2007 年獨立開業。

我們一天要做的麵團平均有 24 種。不過我們的目標不是麵包的種類數量，而是一整年維持這個製作環境是必須條件。店內並不會告知麵包出爐的時間，因為我們店裏的麵包不是配合人，而是配合麵包的發酵狀態來烘烤。

因為我們希望客人能夠品嘗並且享受各種不同麵團的風味。

想要讓客人感受到麵團真正的魅力，就必須烘烤出最佳狀態的麵包。而最重要的，就是迎合各種不同口味的麵包，營造一個最佳的製作環境。為此，我們每天都以才會每天孜孜不倦地嘗試實驗。

加強判斷材料的能力非常重要。我會陪同店裏的員工積極地拜訪生產奶油還有蔬菜的業者。今年蔬菜種得好不好？有沒有因為氣候暖化而造成盛產期失控？只要真面對食材，與創造全新的麵團息息相關。

掌握食材真正美味的時期與使用方法。另外，對於一個處理食材的師傅來說，親身體會生產者的辛勞，也能讓自己的心情更加謹慎。

製作新麵團的時候，不管出現什麼樣的結果，都不能算失敗，因為烘烤出意料之外的風味，正是發現食材新特性的機會。所以說，認真面對食材，與創造全新的麵團息息相關。

作環境。為此，我們每天都能夠得到這些僅在當地才能獲得的第一手資訊，就可以

本書使用的起種方式

魯邦種

材料
HS-1（瀨古製粉）
水

作法
1 每 100% 的麵粉注入 50% 的水，攪拌混合之後置於 30℃ 的地方 1〜2 天。
2 表面如果產生裂痕，就加入與 **1** 相同分量的麵粉與水混合，放置 1 天。
3 加入與 **2** 相同分量的麵粉與水混合，放置 1 天。相同步驟重複進行 1 週〜10 天，完成時會浮在水面上。

老麵種
將培養好的魯邦種、麵粉與水以相同比例混合之後，放置 1 天。

地址　東京都品川區小山4-3-12 TK武藏小山大樓1F
電話　03-3786-2617　營業時間　9：00〜23：00
公休日　週三　網址　http://www.nemo-bakery.jp

誠如「屬於大人口味的麵包店」這個理念，店內擺滿了古董家具，營造出沉著穩定的氣氛。咖啡廳除了熱門的三明治，還提供了限店內享用的菜色。晚上7點以後則會搖身一變成為提供葡萄酒與生火腿等下酒菜的酒吧。

BOULANGERIE ianak
金井孝幸

想要成為一個一點一點突破自我的全才麵包師傅。

修業的時候，我學到的是棍子麵包及法國鄉村麵包這些所謂的「硬質麵包」。我們最初只提供硬質的餐點麵包，沒想到有客人反應「怎麼會有麵包店不賣卡士達奶油麵包呢」。原來客人想要的是熟悉的點心麵包。

自此之後，我們開始製作甜口味的麵團。麵包店開幕之際原本只提供40種麵包，有天卻突然發現種類已經超過80種。這當中有不少是參考客人與店內員工的意見而誕生的商品。實際嘗試製作甜麵包與奶油餐包之後，才發現並沒有想像中那麼簡單，越深入，就越明白這是一

種深奧程度不亞於棍子麵包的麵團。

其實我想要成為一個全才的麵包師傅，而不是某種特定口味麵包的專家。如果可以的話，我希望多多磨練均衡感，讓店裏擺滿各種不同口味的麵包。不需強出頭，僅在自己的能力範圍內竭盡全力就好。製作的時候，只要每個步驟都細心進行，我相信那些累積的經驗一定可以讓自己烤出可口美味的麵包。

話雖如此，硬質麵包畢竟是我的起點。雖然常賣不完，但我還是希望店裏能繼續擺。哪天棍子麵包全賣完時，我一定會樂得飛上天。

1971 年出生於東京都。25 歲時邁向麵包之路。為了尋求美味的棍子麵包與可頌麵包曾在「Lenôtre」、「Panteco」、「Maison Kayser」修業。2006 年於出生長大的地方獨立開店。

本書使用的起種方式

魯邦種

材料
日清裸麥全粒粉（日清製粉）
40℃的熱水
百合花法國粉（日清製粉）
KJ-15（熊本製粉）

作法
1 將日清裸麥全粒粉與熱水以相同比例混合之後，置於 25～30℃的地方 1 天。
2 將 1 所有的分量、相同分量的日清裸麥全粒粉與熱水混合之後，置於 25～30℃的地方 1 天。相同步驟重複 3～4 天。

3 當表面咕嘟咕嘟地冒出氣泡時，將百合花法國粉與 KJ-15 以 1 比 1 的比例混合之後，取出與麵種相同的分量，連同麵種 1.2 倍的熱水加入麵種裏混合，放置 1 天。隔天重複相同步驟。

老麵種
百合花法國粉與 KJ-15 以 1 比 1 的比例混合之後，取出與麵種相同的分量，連同麵種 1.2 倍的熱水加入麵種裏混合，放置 1 天。

酒種

材料
米麴 320g
白飯（生米） 1kg

作法
米麴與白飯混合之後，置於 25～30℃的地方 3～4 天。必須一次用完。

發酵種

材料
無花果乾
蜂蜜
約 40℃的熱水
日清裸麥全粒粉（日清製粉）
百合花法國粉（日清製粉）

作法
1 以無花果乾 1、蜂蜜 1、熱水 2 的比例混合之後，置於 25～30℃的地方，夏天放置 3 天，冬天放置 4～5 天。

2 取出無花果。將裸麥全粒粉與百合花法國粉以相同比例混合之後，取出與液體相同的分量，倒入其中混合，然後置於 25～30℃的地方 6 小時，接著放在 5～7℃的地方 24 小時。

3 裸麥全粒粉與百合花法國粉以等比例混合之後，取 2 的分量的 50%，水量取麵粉分量的 64%。將兩者加入混合之後，置於 25～30℃的地方 4 小時。

地址　東京都荒川區西日暮里 4-22-11
電話　03-3822-0015
營業時間　8：30～19：00（賣完為止）
公休日　不定
網址　http://www.ianak.com

這家由師傅親自設計裝潢的麵包店以橘白兩色為基調，營造出明亮的普普風。不管是硬質麵包還是鹹麵包，架上均排滿了許多各種不同的口味，深受各個世代的客人喜愛。當中最受歡迎的，就是可頌與貝果。

Bon Vivant
兒玉圭介

||||||||||||||||||||||||||||||||

麵包的世界因為沒有終點，所以才會這麼有趣。

1973 年出生於東京都。老家為「Daisy」，因此從小就非常熟悉麵包的製作流程。20 歲時立志當一位真正的麵包師傅，因而嘗遍日本全國各地的麵包，並且與終身之師福盛幸一結識。在大阪的「青麥」修業 4 年之後，29 歲獨立開店。

小時候我以為法國麵包是因為皮又厚又硬，所以吃的時候要撕成一小塊一小塊。可是事實並非如此，那只是因為我吃的法國麵包太難吃了。所以我不想對客人說謊，我只想告訴他們麵包真正的美味。

談到真正的美味，其實是一件非常不容易的事。即使麵包烤得非常成功，我也不認為那樣就算「大功告成」。照理來說，技術與材料每日都在進步，就連麵包也無時無刻都在發展當中。一旦想到這個麵團的真正價值應該在更深遠的地方，我就覺得不管自己再怎麼努力追尋，麵包的世界都是永無止境的。

另一方面，麵包的橫向發展也是無限寬廣，毫無範圍可言。一旦從「○○麵包」這個框框跳出，就能夠喜歡的麵包，技術自然而然地就會掌握在你的手裏。

出什麼樣的口感、什麼味道的麵包，都必須先具體地浮現在腦海裏才能開始。首先要從自己的心情著手，而不是從為了鍛鍊技術而製作麵包開始。只要心裏想著自己真的希望做出對方想著自己真的希望做出對方就能做對

不認為那樣就算「大功告憑藉自由想像，挑戰截然不同的新口味。這時候想要做

Katane Bakery
片根大輔

1974 年出生於茨城縣。在「Donq」工作 6 年之後，2002 年獨立開店。2007 年「Katane Cafe」開幕。

「簡單美味」是重要的軸心，不能脫離。

我的目標，是擁有一家像過去的魚店或蔬菜店那樣、當地居民經常光顧的店。只要成為地方居民生活上的依賴，我就心滿意足了。上班途中順便買個麵包，邊走邊吃。對於麵包沒有特別要求的人就塗上喜歡的醬料，自由添加喜愛的配料。我想要提供的，不是針對節慶，而是可以融入日常生活飲食的麵包，因此自麵包店開幕以來，我都是以「簡單美味」為宗旨來經營。

一旦每天跟麵包麵團對峙，就會不知不覺地陷入酵母這個深奧的世界裏，讓人緊密結合的風味。

忍不住想要做出考驗自己技巧的麵包。然而麵包並不是表現自我的工具，它畢竟是食物。因此我必須不時地把這個理所當然、卻會動不動就忘記的定理牢記在心。同時，我還深深感覺到單純地追求客人想要找尋的那份美味是麵包師傅的使命。

最令我高興的，就是許多客人會非常坦率地把意見告訴我們，給予我們一個容易構思新商品的環境。我希望今後能夠更誠摯地接受他們的反應，不斷地改良店裏的麵包，製作出與當地居民峙峙。

本書使用的起種方式

魯邦種

材料
Brocken（大陽製粉）
Classic（日本製粉）
水

作法

1 將 100% 的 Brocken 與 120% 的水混合，攪拌完成溫度為 30℃。置於 28～30℃ 的地方 24 小時。

2 將相同比例的 1、Classic 與水混合，攪拌完成溫度為 30℃。置於 28～30℃ 的地方 24 小時。相同步驟重複 5 天。

3 視風味與香味，置於 5℃ 的地方一晚之後再使用。

老麵種

將 50% 的麵種、100% 的 Classic、100% 的水混合，攪拌完成溫度為 30℃。置於 28～30℃ 的地方 12 小時之後，再置於 5℃ 的地方一晚即可使用。

魯邦種

材料
第一天
　有機北方之香 T110
　（Agrisystem）────── 250g
　水 ────────────── 350g
第二天
　有機北方之香 T85
　（Agrisystem）────── 300g
　水 ────────────── 100g
　第一天的麵種 ────── 300g
第三天以後
　有機北方之香 T85
　（Agrisystem）────── 300g
　水 ────────────── 150g
　前一天的麵種 ────── 300g

作法

1 用手將第一天的麵粉與水揉和攪拌，完成溫度為 30℃。置於 27～28℃ 的地方 24 小時。

2 將 1 的麵種、麵粉與水以低速攪拌 5 分鐘，完成溫度為 25℃，同樣發酵 24 小時。

3 第三天與第四天的步驟和第二天一樣，不過第四天的發酵時間為 12 小時。

4 第五天的材料與第三天一樣，只有水增加至 195g；將所有材料揉和至 24℃，並發酵 12 小時。

5 到了第六天與第七天，把水量改成 190g，進行與 4 相同的步驟，不過第七天的發酵時間縮短為 6 小時。

6 置於 5℃ 的地方一晚後即可使用。

老麵種

將 480g 的有機北方之香 T85、元種 440g 與水 320g 以低速攪拌 4 分鐘，攪拌完成溫度為 23℃。置於 27～28℃ 的地方 6 小時，再置於 5℃ 的地方一晚即可使用。視元種的味道與香味來調整麵種的分量、硬度，與攪拌完成的溫度。

地址　東京都澀谷區西原1-7-5
電話　03-3466-9834
營業時間　麵包店 7：00～18：30
　　　　　咖啡廳 7：30～18：30
　　　　　（L.O. 18：00）
公休日　週一，第一、三、五個週日
網址　http://www.facebook.com/kataneb

位在閑靜的住宅區裏，深受當地居民喜愛的可愛麵包店。除了麵包，還提供烘焙糕點，而且店內隨時都有80種以上的商品陳列。麵包店地下室設有咖啡廳。在陽光穿過樹縫照進屋內的簡潔店面裏，分量滿點的早餐最受大家喜愛。

Boulangerie Parisette
塩塚雅也

以餐點麵包的傳道者為目標。

我曾經為了成為法國料理廚師而去修業，因此對於可以搭配料理的餐點麵包下了不少工夫。當我在橫濱開店的時候，因為那裏的外國客人多，所以棍子麵包可說是壓倒性地受到大家喜愛。不過搬到上尾之後，硬質麵包在那裏似乎不是那麼受歡迎，我開始關注土司，並投注了前所未有的心力於其中。

不管用什麼麵團都一個態度，好讓硬質麵包能夠深入當地居民的生活。

我沒有想到只是地區不同，對於麵包需求的差異就樣，重點必須放在風味好壞與否，而不是作業性，即使十分耗時耗工，還是要細心地追求自己心目中的理想口感。

首先我要讓客人透過土司認識我的口味。只要土司好吃，他們應該就會把注意力轉到其他的麵包上面，這於有了回報，現在購買硬質麵包的客人已經慢慢增加。不過今後我們依舊要保持這個態度，好讓硬質麵包能夠深入當地居民的生活。

會這麼大，這讓我有些不知所措。不過現在我卻認為這是一個可以傳達麵包嶄新魅力的好機會。

遷移至現址已經一年了。在我們積極地提供試吃及向客人建議吃法之下，終常暢銷。

不過相對地，土司卻非遍，但是相對地，土司卻非常暢銷。

地址　埼玉縣上尾市小泉8-22
電話　048-637-0219
營業時間　10：00～18：00
公休日　週二、週三

大紅色的門格外引人注目。店內以白色為基調、氣氛清爽的每個角落都讓人感受到法國氣息。所有的麵包都是由師傅一個人製作，共有40種商品。面對面的販賣方式拉近了與客人之間的距離，而且老闆娘會親自說明特殊麵包的吃法與組合方式，這點讓麵包店贏得不少好評。

1975 年出生於靜岡縣。以廚師身分修業 3 年之後，於「銀座木村屋」正式邁向麵包師傅這條路，並在法國修業 2 年。曾在「麥花」「Madu」大展身手，31 歲時在橫濱大倉山獨立開店。2011 年將店面遷移至埼玉縣上尾。

本書使用的起種方式

天然酵母

材料	作法
元種	**1** 將元種的材料混合，置於29℃的地方發酵24小時。
Brocken（大陽製粉）……500g	**2** 第二天取 1kg**1** 完成的元種，並在裏頭加入麵粉與水混合，再次置於 29℃ 的地方發酵 24 小時。
水……700g	
麥芽糖漿……10g	**3** 取 1kg 第二天的麵種，將麵粉與水倒入混合，置於 29℃ 的地方發酵 12 小時，這就是名為發酵麵團 (chef) 的麵種。
（第二天）	
百合花法國粉（日清製粉）……1kg	
水……300g	**4** 將麵粉與水倒入 800g 的發酵麵團裏混合之後，置於 29℃ 的地方發酵 5 小時，接著再放入冰箱裏醒麵一晚，這就是發酵種。
（第三天）	
百合花法國粉（日清製粉）……1kg	
水……500g	
發酵種	**老麵種**
發酵麵團……800g	在 100g 的發酵麵團裏加入 7.2g 的粗粒全麥麵粉（日清製粉）、112.8g 的百合花法國粉，與 62.4g 的水，攪拌 6 分鐘後置於 29℃ 的地方發酵 3 小時，再放入冰箱裏醒麵一晚。
Brocken（大陽製粉）……160g	
百合花法國粉（日清製粉）……800g	
水……460g	

Pain aux fous
荻原 浩
||||||||||||||||||||||||||||||||||||||||||||||

1975 年出生於長野縣。21 歲進入法國糕點的世界，26 歲遠赴法國。回到日本後雖以糕點師傅之姿大顯身手，卻對在法國嘗到的麵包風味難以忘懷，因而在巴黎花了 4 年半的時間學習製作麵包。2010 年起擔任「Pain aux fous」的師傅。

做出跟法國一樣的「美妙滋味」。

我原本是糕點師傅，為了學做糕點才前往法國，沒想到因為麵包的美味震撼，毅然決定再去一次法國，並且開始在巴黎一家小店學做麵包。回國後我立刻進入現在這間麵包店擔任麵包師傅，因此我沒有巴黎之外的修業經驗。

雖然覺得法國糕點是一項追求新口味、具有創作性的工作，不過麵包的重點，卻是在繼承傳統，這一點深深吸引了我。所以我想要堅守在法國學到的一切，把我在法國嘗到的美妙滋味毫無成形了。

想要做出理想口味的時候，必須先思考一件事情：「當時嘗到的滋味為什麼會這麼好？」只要不斷追究「為什麼」，即使無法做出跟法國一樣的風味，我也深信一定可以做出相同美味的麵包。

現的那股滋味，我發現腦海裏配方的基本風味已經慢慢保留地展現出來。

只不過法國與日本的麵粉、水質，還有氣候都不同，即使作法相同，也往往無法如願呈現出一樣的滋味。所以我只能憑靠舌尖上的記憶，一邊改變配方與製法，一邊日日摸索。最近我利用Terrior這款麵粉當作基本風味，做出心目中想要呈

地址　東京都品川區東五反田3-20-14
高輪Park Tower大樓1・2F　電話　03-5420-5404
營業時間　1F 7：30～19：30（週日為9：00～18：00）
　　　　　2F 11：30～15：00、17：30～24：00
　　　　　（六、日、國定假日為11：30～24：00）
公休日　1F全年無休，2F為週一、第三個週日
網址　http://www.painauxfous.com/

位在辦公大樓1F，店內洋溢著巴黎氣息，氣氛明朗輕鬆。為了傳遞法國的風味，店裏的商品以餐點麵包為主，而且只陳列法國才有的麵包口味。除了內用區，2F還附設可以輕鬆享受的小餐館。

本書使用的起種方式

魯邦種

材料
Vanguard Land（鳥越製粉）
水
蜂蜜
Terrior（日清製粉）

作法
1　將 100g 的 Vanguard Land、120g 35℃的溫水，與4g 的蜂蜜混合，置於 28℃的地方 24 小時。
2　將 **1** 與 200g 的 Terrior、200g 25℃的溫水混合，置於 28℃的地方 12 小時。
3　將 **2** 與 600g 的 Terrior、600g 25℃的溫水混合，置於 28℃的地方 12 小時。
4　將 **3** 與 1800g 的 Terrior、1800g 25℃的溫水混合，置於 28℃的地方 8 小時。接著放在冰箱保存。

老麵種（裸麥）
以元種 1、Vanguard Land 1、Terrior 1、40℃的熱水 2 的比例輕輕混合攪拌，先置於 28℃的地方12 小時，接著再移到 10℃的地方放置 12 小時。

老麵種（小麥）
以元種 1、Terrior 2、40℃的熱水 2 的比例，用和裸麥麵粉相同的方式製作。

捨棄既有的觀念，
只追求「我喜歡的味道」。

1976 年出生於神奈川縣。原本從事服飾業，卻毅然跨界到「Donq 青山店」學習製作麵包。曾在中目黑的「la boulangerie Naif」、冰川台的「Boulangerie Patisserie Angelina」，以及赤坂的「Peltier」等都內知名麵包店鑽研修業，2006 年獨立開店。

我從來沒有想過要開一間路邊隨處可見的普通麵包店。我想要的是一間喜歡我們的麵包，將我們的麵包店當成心中特選之一的店。因為我想要看見他們的笑容。這個想法讓我樂在其中，所以才會開了這麼一家氣氛舒適的麵包店。

除了麵包，店內販賣的食材，以及請法國料理餐廳「Restaurant Yoshiy」做的熟食，全都是我最喜歡的東西。感覺就像是要請朋友來家裏玩一樣。

這個想法當然也貫徹在製作麵包上，因為我只追求能夠說服自己的味道。只要不斷地追求想要食用的麵包，就能夠創造出各種不同的口味變化，進而讓店裏每天都能夠陳列超過 150 種的麵包。

在吃原味麵包的時候，腦子裏往往會突然浮現新口味的麵包。我通常不會放過

這個不經意地出現在腦海裏的念頭，每個都會一個一個地不斷試做實驗。製作麵團的時候也是一樣，想要做出理想中的味道，就要捨棄既有的觀念，從各種角度切入，以從中找尋方法，我認為這一點非常重要。

本書使用的起種方式

葡萄乾種

材料	
葡萄乾	500g
細砂糖	250g
麥芽水	10g
水	1000g

作法

1 除了麥芽水，其餘材料混合攪拌成 30℃ 之後，加入麥芽水混合。

2 每天攪拌，並置於 30℃ 的地方發酵一週，當香味與甜味變濃即完成。

魯邦本種

材料
Roggen Natural（鳥越製粉）
Vanguard Land（鳥越製粉）
水

作法

1 將 100g 的 Vanguard Land 與 100g 的水混合之後，置於 28～30℃ 的地方 24 小時。

2 取 10g 的 1，與 100g 的 Vanguard Land，以及 100g 的水混合之後，置於 28～30℃ 的地方 24 小時。

3 取 10g 的 2，與 100g 的 Roggen Natural，以及 100g 的水混合之後，放置 24 小時。

4 3 的步驟重複 3 天，等散發出香氣時即完成。

做德國麵包的酸麵種之製作方式是取 30g 的本種、120g 的 Vanguard Land、120g 的 Roggen Natural，與 240g 的水混合之後，置於 28～30℃ 的地方 15～16 小時。

地址　東京都練馬區貫井1-7-25
電話　03-3825-5404　營業時間　10：00～19：00
公休日　週一、週二
網址　http://tnukumuku.exblog.jp/

店內裝飾著師傅自己掏腰包買的美國雜貨，洋溢著熱鬧繽紛的普普風格。除了選擇豐富的麵包，還有身為糕點師傅的老闆娘烘焙的點心，以及來自附近法國料理店的熟食。其中最受歡迎的，就是店面招牌上也有畫出來的卡士達奶油麵包。

L'Atelier du pain
三橋 健

以追究細節、有所堅持的麵團，將熟悉的麵包烘烤出截然不同的風味。

1982 年出生於東京。2004 年起在「JUCHHEIM DIE MEISTER」扎實地修業 2 年。2004 年起在「FORTNUM & MASON」、「Patisserie Peltier」、「Dominique SAIBRON」擔任工房負責人，2012 年 10 月就任現職。

高中畢業之後，我因為打工深深受製作麵包這件事吸引，所以現在才會成為麵包師傅。剛開始工作的地方，其實是路上一間非常普通的麵包店。之後我在崇拜的志賀勝榮師傅門下學習麵粉與酵母這個深奧的世界，同時對紅豆麵包與牛角麵包等傳統的平民麵包也非常執著。

我想要網羅日本所有的麵包。這就是我心裏的宏偉大志。不只是可以讓麵包迷心滿意足的硬質麵包、充滿流行品味的創意麵包，我還想要提供所有柔軟的甜麵包與鹹麵包。麵包店的所在地雖然是六本木，但我希望這是一間鄰居會天天光顧、「想買麵包時，隨時可來的店」。所以我才會想，若是能夠利用麵團道地的風味把我們平常熟悉的麵包烘烤成不一樣的滋味，那該有多好啊。

像是紅豆麵包與牛角麵包就用布里歐麵團，或是在可頌麵團裏使用AOP認定的Lescure奶油。我並不是只在這裏大喊口號而已，但如果客人能夠注意到這些微妙的美味差異，那還有什麼比這更令人高興呢？所以我的目標就是堅持配方、製法與材料，將這些要素結合起來，製作出百吃不膩、風味自然不突兀的麵團。

本書使用的起種方式

魯邦種

材料

粗粒全麥麵粉	2900g
水	2550g
法國麵包專用粉	1140g

作法

1　將100g的全麥麵粉與110g的水混合，置於27～28℃的地方24小時。
2　第二天將200g的全麥麵粉與200g的水混合之後加入1，同樣放置24小時。
3　第三天與2相同作法。
4　第四天每600g的3加入720g的全麥麵粉與360g的水，混合之後放置24小時。到第七天為止重複相同的步驟。
5　到了第八天，每1000g的前種加入法國麵包專用粉與600g的水混和。進行到這裏算完成，但是在培養的時候，要盡量維持恰到好處的酸味與發酵力，只要出現微妙的偏差，就要立刻調整回來。

葡萄乾種

材料

葡萄乾	1000g
細砂糖	500g
麥芽水	20g
溫水	2000g

作法

1　除了葡萄乾，其餘材料混合攪拌至細砂糖溶解後，將葡萄乾粒粒分開地放進去，並用打蛋器攪拌。溫度為32℃。
2　置於溫度27℃，濕度75%的地方12小時。
3　攪拌使空氣滲入。每12個小時攪拌一次，共進行4天。
4　用篩網過濾，撈除葡萄乾之後即可使用。

地址　東京都港區六本木6-1-12　21六本木大樓2F
電話　03-3405-0018
營業時間　8：00～23：30（六日、例假日11：00～23：30）
網址　http://latelier-du-pain.com
在展開「葡萄酒酒鋪品酒師」、將葡萄酒與美食結合起來的大樓2樓裏，於2012年10月開幕的麵包店。同棟大樓裏有家常小餐館「Le Petit Marché」與家常義大利餐廳「ぶどう酒食堂 さくら」。

■成瀬正／著　定價420元

挑戰麵包的
無限可能

47款追求頂極美味與美觀的麵包
祕藏配方與作法大公開！

本書乃日本知名麵包店TRAIN BLEU的集大成之作，書中囊括47款精緻美味的麵包食譜，從外表樸實卻嚼勁十足的長棍麵包與雜糧麵包，到以奶油酥皮層層堆疊出的可頌麵包與丹麥麵包，以及其他各式各樣別出心裁的蛋糕與麵包，口味豐富、層次多變。

該店細心講究的滋味與一貫堅持的品質，不僅吸引了日本全國各地的麵包愛好者，更不乏海外同好慕名前往朝聖，是日本首屈一指、遠近馳名的麵包店。而這本食譜便是集結了成瀬主廚二十餘年的麵包烘焙經驗，提供最上乘的烘焙技術教學，可說是實用性極高、非常具有參考價值的烘焙教科書。

■旭屋出版／編著　定價450元

超人氣可頌
烘焙技術

詳細教導材料挑選、配方比例、
攪拌、摺疊與烘烤技巧！

香酥鬆脆的可頌是廣受大眾喜愛的麵包之一，其金黃色澤與層次分明的外型，以及散發陣陣奶油香的Q彈內層，總讓人「愛不釋口」。可頌的製作並非只有一套公式，透過配方的變化，攪拌、摺疊、烘焙動作的拿捏，能無限變化出各式各樣的可頌。不僅外型可跳脫傳統的兩端尖角形狀，口感方面更是有酥脆、濕潤等分別。

本書介紹日本36家以可頌聞名的麵包店，公開各店人氣可頌的詳細配方，以及混合、發酵、切割、醒麵、烘烤等各步驟的作法，並由各店的麵包師傅分享製作經驗與技術，絕對能讓專業麵包師傅的實力更上層樓。

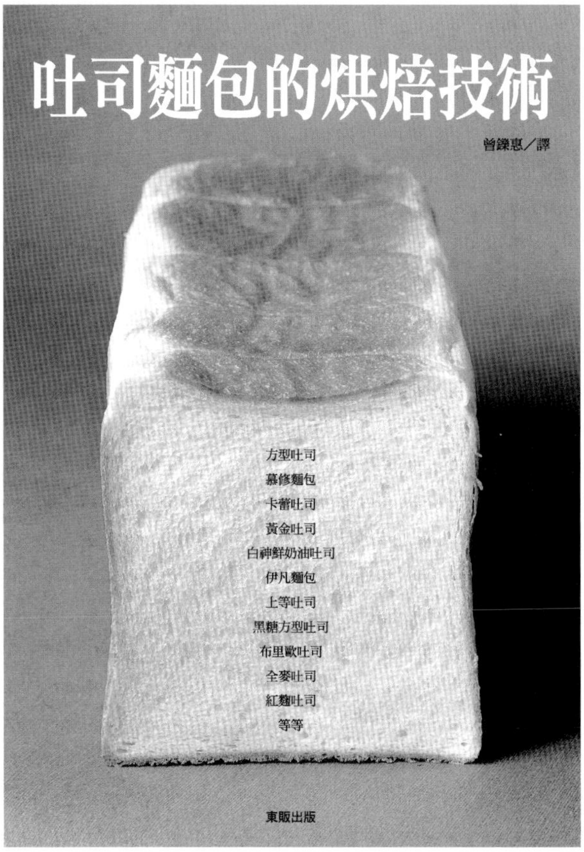

吐司麵包的烘焙技術

日本人氣店的方型吐司與山型吐司的配方及發想大公開。

以各式吐司麵包為主角，
介紹日本知名麵包店人氣吐司的
材料、作法，以及其獨特之處。

奶油的比例、天然酵母的使用、特殊食材的搭配……詳細的內容讓想學習製作吐司麵包的人可以學到基礎原理與製作技巧，是麵包師傅專用的教科書。

方型吐司
慕修麵包
卡�吐司
黃金吐司
白神鮮奶油吐司
伊凡麵包
上等吐司
黑糖方型吐司
布里歐吐司
全麥吐司
紅麴吐司
等等

東販出版

■旭屋出版／編著　定價450元

法式長棍麵包的烘焙技術

小麥、天然酵母、天然鹽……。使用「精挑細選」的材料製作。

從材料的選擇、配方的比例、
攪拌＆烘烤的技巧做一詳盡介紹，
是專業麵包師傅必備的食譜。

外表酥脆、內部柔軟濕潤的法式長棍麵包，不管是單吃或搭配料理均相當適合。本書羅列日本人氣麵包店的35款法式長棍麵包，詳細介紹從準備、攪拌、發酵、成形、到烘烤的每一個步驟和流程，內容詳盡實用。

■旭屋出版／編著　定價450元

戶名：台灣東販股份有限公司　郵撥帳號1405049-4　地址：台北市南京東路4段130號2F-1　TEL／(02)2577-8878

國家圖書館出版品預行編目資料

麵包麵團教科書 / 旭屋出版編著；何姵儀譯.
-- 初版. -- 臺北市：臺灣東販, 2013.12
面；　公分
ISBN 978-986-331-223-9（平裝）

1.點心食譜 2.麵包

427.16　　　　　　　　　　102022421

PAN KIJI NO JITEN
© ASAHIYA PUBLISHING CO., LTD. 2013
Originally published in Japan in 2013 by ASAHIYA
PUBLISHING CO., LTD.
Chinese translation rights arranged through TOHAN
CORPORATION, TOKYO.

麵包麵團教科書
日本人氣麵包師傅的
100種麵團調配方式完整大公開
（港版名：麵包教科書－最具人氣的100款麵包麵團作法）

2013 年 12 月 1 日初版第一刷發行

編　著 ● 旭屋出版
譯　者 ● 何姵儀
編　輯 ● 劉泓葳
美　編 ● 張曉珍
發行人 ● 加藤正樹
發行所 ● 台灣東販股份有限公司
　　　　＜地址＞台北市南京東路 4 段 130 號 2F-1
　　　　＜電話＞ (02)2577-8878
　　　　＜傳真＞ (02)2577-8896
　　　　＜網址＞ http://www.tohan.com.tw
郵撥帳號 ● 1405049-4
新聞局登記字號 ● 局版臺業字第 4680 號
法律顧問 ● 蕭雄淋律師
總經銷 ● 聯合發行股份有限公司
　　　　＜電話＞ (02)2917-8022
香港總代理 ● 萬里機構出版有限公司
　　　　＜電話＞ 2564-7511
　　　　＜傳真＞ 2565-5539